日本人妻の無限料理

前西 希 Nozomi M./著

用 1 倍氣力 變身 3 倍創意 贏得 10 倍滿意

以主婦視角與大家分享料理樂趣

從來沒有想過，會用日本人太太的這個身分，擁有了第一個書寶寶。似乎從選擇了日文系、畢了業在日商公司工作後，就注定了我和大和民族這個國家的深刻緣分吧！

因為和日本人共事很多年，深深地體驗到他們對任何事情的高要求。曾經發誓絕對不會嫁給日本人的我，在幾年後忽然決定和這個飄洋過海派駐在台灣、對自己超嚴格的日本人相守一生。我想我當時一定是被下蠱了！

天生個性本來就很懶散、上課上班愛遲到、做任何事不到最後一刻不動、放假一定會睡到中午的我（怎麼有人想娶我？），婚後竟然開始過著每天早上五點半起床煮三餐的生活。

因為我們家離公司很近，先生每天中午都會回家吃飯，加上日本人很少外食，結婚後的前一兩年，光煮三餐就花掉我大半的時間，更別談食材的準備或事後清潔等等工作了！那段時間可以說是每天都被釘在廚房裡，完全沒有辦法爬出來，身心都很疲憊。

我想很多媽媽應該跟我一樣，婚後除了工作和育兒等等事情之外，即使想下廚做些什麼，但一餐兩三樣菜一道湯的料理，真的花掉了我們不少時間。後來我上網查了一些日本主婦們的心得分享，才明白原來一樣做三餐，但她們總是很優雅。跟她們學了很多技巧之後，讓我慢慢開始擁有自己的時間，並在網路上寫些食譜和實用的料理小方法。

在這本書中，收錄了我成為日本太太後每天料理三餐的小訣竅，以及一些適合台灣媽媽們的做菜偷懶小撇步，像是有時做好一道菜沒吃完，下一餐或下下餐還可以快速變身為另一道美味料理，完全感覺不出來是用剩菜做出來的。希望我用最平實的主婦視角和大家分享的這些小心得，可以讓想做料理的人不再手忙腳亂，能夠更輕鬆用台灣到處都可以購入的食材，在家做出日本家常味或各種創意美食。

因為食安問題，讓我開始在家自製健康無化學添加物的培根、日本味噌、納豆、歐風麵包等等，書中也特別收錄這些食譜，讓這些從我們手中做出來的食物，溫暖每個我們想守護的人。

最後，感謝每個看見我，願意給我機會的你們。讓在屏東鄉下的我，能把我們家的和風餐桌傳遞出去；也許，這也是另一種台日友好的表示也說不定。

謝謝你們。

* 本書計量標示：

1 小匙 =2 克
1 匙 =4 克（大約是平常吃甜點用的湯匙容量）
1 大匙 =10 克（大約是平常家中喝湯的湯匙容量）
1 杯 =150c.c.（大約是量米杯的容量）
1 碗 =300c.c.（大約飯碗的容量）
適量 = 依個人喜好或實際狀況用量
少許 = 略加少量即可

* 食材中的麵粉若無提及筋性，表示低中高筋皆可使用。

目　　錄

滿足味蕾創意小料理

實用料理小技巧

居酒屋人氣料理

在家小酌配菜超療癒！

唐揚雞、炸豬排、比目魚握壽司……

各種人氣料理其實不難做，

家中餐廳也可以化身居酒屋。

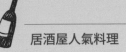

豆腐漢堡排 豆腐ハンバーグ

漢堡排可以說是經典的日本家常菜之一。不管是餐廳或家庭餐桌、便當菜等，都可以常常看到漢堡排的身影。

但漢堡排都是肉，吃多難免覺得有點膩，若能加入一些清爽食材，例如洋蔥或豆腐，不僅多汁又美味，還能降低油膩感。

一起試試這道日本的人氣食譜吧！

食材 3人份

- 豬絞肉　適量
- 牛絞肉　適量
- 洋蔥　半顆
- 橄欖油　適量
- 蛋　1顆

調味料

- 胡椒鹽　1小匙
- 柴魚粉　1小匙
- 米酒　1小匙

漢堡排醬汁

- 番茄醬　適量
- 伍斯特醬　適量
- 水　適量
- 奶油　1小塊

1 _____ 洋蔥切丁，放入碗中加少許橄欖油，用500W微波3分鐘讓洋蔥軟化。如果沒有微波爐，可用小火把洋蔥慢慢炒軟。

2 _____ 把1的洋蔥、全蛋液、所有調味料與絞肉一起用手抓勻，大約5~10分鐘，讓肉的黏性跑出來，煎的時候比較不會散開。

3 _____ 把拌勻的肉放入冰箱冷藏1小時。

4 _____ 取出約手掌心大小的肉，整成圓形後，雙手上下拋丟，讓空氣釋出，稍微塑形成肉排狀。

5 _____ 肉排放入平底鍋兩面煎熟。

6 _____ 放入少許水，蓋上鍋蓋用小火悶煮約5分鐘。

7 _____ 放入漢堡排醬料，用中火將醬汁煮到變濃稠，好吃的漢堡排就完成了！

1

2

3

4

5

6

日式炸雞　鶏の唐揚げ

印象中第一次去日本出差，開完會後和客戶去居酒屋吃飯，發現他們點了一大盤炸雞。那時我很容易長痘痘，對炸物實在不太感興趣，但看他們一口啤酒一口炸雞的滿足表情，也讓我忍不住伸手夾了一塊。不吃還好，一吃之後就真的被那雞肉的軟嫩及多汁嚇到，這和我以往吃過的炸雞完全不同啊！

現在當了日本人太太之後，這道菜更是我們家常出現的料理。醃醬非常簡單，只要掌握幾個小祕訣，就可以做出道地居酒屋風情的日式唐揚雞。保證你也會跟我一樣，吃過一次就上癮！

食材 3人份

• 去骨雞腿肉 2 片

調味料

• 醬油 1 大匙
• 味霖 1 大匙
• 酒 1 大匙
• 胡椒鹽 適量
• 蛋 1 顆

炸粉

• 麵粉 1 碗
• 太白粉或地瓜粉 1 碗

1 _____ 雞腿肉連皮切塊，不要切太小，炸出來的肉會比較多汁而且軟嫩。

2 _____ 放入蛋以外的調味料，放置冰箱冷藏 2 小時讓入味。

3 _____ 從冰箱取出雞肉，雞蛋打散淋上，攪拌均勻再靜置 30 分鐘。

4 _____ 炸粉放入塑膠袋後充分混和，把雞肉放入搖晃幾下均勻裹粉。

5 _____ 起油鍋，待油溫升至 170 度、也就是筷子放下去會有氣泡產生時，轉中火放入雞肉油炸至表面粉固定且微微上色時即先撈起。

6 _____ 把火稍微轉大加熱約 30 秒，讓油溫升至約 190 度，把炸過的雞肉再次放入，快速地把表面炸酥脆，撈起後就是好吃的日式炸雞。

1

2

3

4

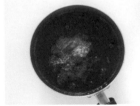

5

6

日式烤雞串 やきとり

我們每次回日本，都很喜歡去吃烤雞肉串。

日本的烤雞串真的非常美味，鮮嫩的雞肉加上濃郁的醬汁，烤出來的焦香味道配上啤酒，真是最能撫慰上班族的食物。因為實在太喜歡吃烤雞肉串了，因此我們在家也會自己做來吃。

不用木炭，只要一只平底鍋再加上醬料，就能做出好吃的烤雞肉串。愛吃烤雞串的你一定要做來吃吃看！

食材 3 人份

- 去骨雞腿肉 1 片
- 青蔥 適量

調味料

- 醬油 2 大匙
- 味霖 1 大匙
- 酒 1 大匙
- 果醬 1 小匙

1 _____ 把雞腿肉連皮一起切小塊。

2 _____ 用竹籤依序把雞肉和青蔥串起來。

3 _____ 調味料放入碗中拌勻成醬汁。

4 _____ 平底鍋預熱後,把雞皮那面朝下放入平底鍋煎至表皮焦香後翻面,另一面也稍微煎過。

5 _____ 倒入 3 的醬汁煮至收乾,待雞肉兩面皆入味即可起鍋。

1

2

3

4

5

⊙ 醬料中使用的果醬口味不拘,利用其中的果膠和糖分可讓烤雞串色澤更明亮,醬汁味道更有層次。

關西風味章魚燒 たこ燒き

我的公公是大阪人，因此家中一定會有一台章魚燒烤盤。

雖然老公在關東長大，但從小在家就會烤章魚小丸子，即使現在我們在台灣，也會常常烤來吃。公公私傳的麵糊做法很簡單，食材取得也非常容易，在台灣都買得到。現在，一起來享受道地的章魚燒吧！

食材　3人份

- 麵粉　200 克
- 水　400c.c.
- 牛奶　50c.c.
- 柴魚粉　1 大匙
- 美乃滋　1 大匙
- 熟章魚腳　適量
- 高麗菜　適量
- 蔥　適量

配料

- 美乃滋　少許
- 日式豬排醬　少許
- 柴魚片　少許

1 ＿＿＿＿ 高麗菜切碎把水分瀝乾，蔥切成蔥花，章魚腳切小塊。

2 ＿＿＿＿ 將麵粉、水、牛奶、柴魚粉與美乃滋 1 大匙混和拌勻。

3 ＿＿＿＿ 章魚燒烤盤均勻抹油受熱，倒入 2 的麵糊約八、九分滿，這樣做出來的章魚燒形狀比較圓也比較飽滿。

4 ＿＿＿＿ 放入高麗菜、蔥花和熟章魚腳。

5 ＿＿＿＿ 烤約 1-2 分鐘，底部烤熟後，用小鉗子從底部慢慢翻過來。

6 ＿＿＿＿ 翻面的同時用鉗子把材料塞進去，翻好後每一面都烤一下。

7 ＿＿＿＿ 烤好後放在盤子上。依序淋上日式豬排醬、美乃滋。放上柴魚片，好吃的章魚燒完成囉！

1

2

3

4

5

6

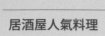

蔬菜豬肉大阪燒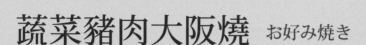

公公是大阪人,因此我們每次回去日本,餐桌上幾乎都會出現大阪燒或章魚燒。雖然日本有賣大阪燒專用粉,但對味道和口感很講究的公公總是會自己調麵糊,加上滿到不行的蔬菜和海鮮,並且用牛奶取代水,就能做出鬆軟又道地的大阪燒。

大阪燒的食材很好取得,做法也超簡單,想在台灣吃到道地關西風味的大阪燒,真的一點也不難。

食材 3人份

- 麵粉 200 克
- 鮮奶 200 克
- 蛋 1 顆
- 高麗菜 1 碗
- 蔥 1 碗
- 鮮魷魚 1 碗
- 豬肉片 數片
- 柴魚粉 2 小匙

調味料

- 日式豬排醬或中濃醬 適量
- 美乃滋 適量
- 柴魚片 適量

1 _____ 高麗菜和蔥切碎，鮮魷魚洗淨切適中大小。

2 _____ 除了調味料和豬肉片之外，所有食材放在容器中拌勻。

3 _____ 平底鍋熱鍋，抹上一層薄薄的油，倒入一大匙麵糊，然後放豬肉片。

4 _____ 底部煎成金黃色後翻面。

5 _____ 把豬肉煎熟到有點焦香脆脆的口感後翻面。

6 _____ 依序塗上醬料和美乃滋。鋪上柴魚片，好吃的大阪燒就完成囉！

⊙ 日式豬排醬或中濃醬在大創和日式超市都可買到。也可不沾醬，直接在肉上撒粗鹽也很好吃。

⊙ 高麗菜貴的時候可以只加青蔥，就會變成好吃的青蔥豬肉大阪燒。

⊙ 配料可自行變換，也可加入蝦子或煎過的牛肉塊，呈現不同的風味。

1

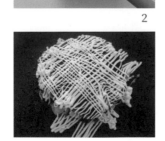

2

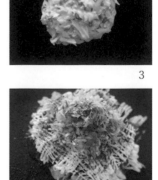

3

4

5

6

大阪名物炸串 串揚げ

炸串是我們每次在日本時必吃的關西名物。把自己喜歡的食材用竹籤串起來，
沾上麵糊和麵包粉之後油炸，意外地清爽不油膩，是很多上班族下班後小酌一
杯很喜歡點的下酒菜。

我們在家也很常做這樣的美味料理喔，就算是廚房新手，只要有一個小油鍋就
可以完成。喜歡炸物的你千萬別錯過這道關西的經典美食！

食材 3 人份

- 牛肉或豬肉切條狀　適量
- 鵪鶉蛋　適量
- 蝦子去殼　適量
- 茄子和菇類　適量
- 竹輪　適量
- 麵粉　適量
- 麵包粉　適量

麵糊

- 麵粉　2 大匙
- 蛋　1 顆
- 水　1 大匙

沾醬

- 美乃滋　適量
- 日式豬排醬　適量

1 _____ 把所有食材用竹籤串起來。蔬菜或肉類可隨興搭配，日本常見炸串食材有鵪鶉蛋、肉類和蝦子等，這些油炸也都很好吃。

2 _____ 用調理機把市售麵包粉打成更細的粉狀。食材依序沾上麵粉、麵糊和麵包粉。我的習慣是把所有沾粉用罐子裝起來，這樣很方便沾取。

3 _____ 油鍋先預熱至 180 度，把沾好麵糊的食材下鍋油炸。

4 _____ 表面炸成金黃色後就可以起鍋。

5 _____ 稍微濾乾油後，沾上美乃滋或日式豬排醬，就是無敵的美味炸串。

1

2

2

3

4

5

關西風味壽喜燒 すき焼き

公公是關西人，壽喜燒是我們冬天餐桌上常見的料理。其實關東和關西的壽喜
燒吃法不太一樣，關東風味壽喜燒就是台灣常見的吃法，直接把壽喜燒醬汁當
湯底，放入鍋中後直接放食材下去煮，如果味道太濃，則再加水調整味道；關
西風味壽喜燒會先炒香洋蔥和肉後再放醬汁，加入蔬菜等其他食材，不另外加
水，讓蔬菜本身的水分和甜味自然釋放，使味道更融合。

我們會自己調製壽喜燒醬，和市售偏甜偏鹹的風味不太一樣，是台灣人也能接
受的味道。只要有平底鍋，在家就可以享受道地的壽喜燒。

食材 3人份

- 牛肉片（雞豬也可） 1 盒
- 洋蔥 1 顆
- 蒟蒻絲 適量
- 板豆腐 1 塊
- 大白菜 半顆
- 舞菇 1 包
- 鴻喜菇或雪白菇 1 包
- 蔥段 適量
- 山茼蒿 1 把

壽喜燒醬汁

- 醬油 半碗
- 味霖 半碗
- 米酒 半碗
- 黑糖 1 大匙

1 ——— 洋蔥切片，和肉片帶油脂部分一起炒香。通常超市買的盒裝肉，放在底部的肉比較不完整，可以先和洋蔥一起炒。

2 ——— 放入壽喜燒醬汁煮滾。

3 ——— 放入所有蔬菜，這時候可以蓋上鍋蓋，讓蔬菜煮軟出水。

4 ——— 最後放入肉片，熟了以後可沾安全的生雞蛋液一起吃，口感非常滑順。

> ⊙ 壽喜燒剩下的湯汁可以放至隔天煮烏龍麵，再打個蛋花和放些蔥花，就是美味又省事的一餐。
> ⊙ 豆腐和蔥段可以先用平底鍋煎過會更香。

1

2

3

4

豬肉味噌湯　豚汁

豬肉味噌湯可說是日本家庭的國民湯品，尤其是冬天的時候，煮一鍋豬肉味噌湯，裡面滿滿的蔬菜加上豬肉的鮮甜味，光是這樣一碗湯，就可以讓人配上一大碗飯。

日本的豬肉味噌湯要煮得好吃其實很簡單，關鍵重點是在湯裡加入牛蒡，就能做出道地日本味。正因為牛蒡的特殊香氣和甜度，讓湯變得非常鮮美可口喔。

食材 3 人份

- 豬肉片 100 克
- 牛蒡 半根
- 白蘿蔔 半根
- 紅蘿蔔 1/4 根
- 洋蔥 1 顆
- 鴻喜菇 1 包
- 薑末 少許
- 蒜末 少許

調味料

- 香油 少許
- 味噌 1 大匙
- 醬油 1 大匙
- 米酒 少許
- 水 約 5 碗

1 _____ 所有蔬菜切薄片，減少燉煮的時間。肉片可選用較瘦的部位，愛吃肥肉的話也可用豬五花。

2 _____ 平底鍋預熱，放入香油，把牛蒡片兩面煎香。

3 _____ 將蒜末、薑末、蘿蔔和洋蔥、肉片一起炒香。接著放入醬油和酒，開大火稍微炒一下。

4 _____ 把炒好的材料移到大湯鍋，加水後把蔬菜煮熟。

5 _____ 關火，放入味噌拌勻。

6 _____ 味噌拌勻後再度開火，放入鴻喜菇煮一下，不用煮到滾，這樣好喝的豬肉味噌湯就完成囉！

> ⊙ 日本人煮味噌湯的習慣和台灣不同，他們不會把味噌煮到滾，因為味噌是發酵釀造品，煮到滾反而破壞本來的香氣和風味，而且會把苦澀味煮出來。因此，日本人要下味噌時都會先關火，在湯中拌勻後再開火熱一下，然後就可以起鍋了。冷掉的味噌湯加熱時也同樣不會煮到滾，稍微熱一下就熄火。大家可以試試這樣的方法，就可以煮出好喝的味噌湯。

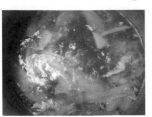

1

2

3

4

5

6

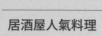

比目魚握壽司 えんがわの握り寿司

很多愛吃壽司的人，一定都無法抗拒比目魚握壽司的美味。炙燒後的比目魚，
油脂的香氣在嘴裡化開，那真的是無法言喻的滋味。

但在日本料理店單點比目魚握壽司並不便宜，一貫大約 70 元，不是很親民的
價位。因此，我們會購入一整盒的比目魚鰭邊肉，自己做比目魚握壽司。只要
有噴槍，在家也能重現壽司店的美味。

食材 3人份

- 醋飯 適量
  （簡易醋飯做法請參 178 頁）
- 比目魚鰭邊肉 1 盒
- 芥末 適量

1 _____ 將一整盒的比目魚鰭邊肉解凍，取出鰭邊肉。

2 _____ 把鰭邊肉切等分。

3 _____ 準備一碗水，滴些醋有殺菌效果，手沾溼後取出適量醋飯，約一口大小，稍微捏緊，讓米飯不會散開。

4 _____ 米飯上放少許芥末。

5 _____ 放上比目魚片，再把飯和魚片稍微捏一下。

6 _____ 用噴槍炙燒表面，微微呈現燒烤的色澤即可。

1   2   3

4   5   6

和風炸春捲 春巻き

台灣和日本的文化差異多到數不清,但最讓我印象深刻的,就是介紹結婚對象給雙方家人認識這件事。

台灣人在交往時,通常會把男朋友或女朋友帶回家吃飯,而日本人卻是在確定要結婚之後,才會正式把對象介紹給家人認識。

幾年前的某個星期六，我和當時的男朋友、也就是現在的先生，特別從台灣飛回日本，那是我第一次在日本待兩天一夜，就是為了和他家人見面。

當時到千葉的老家已經快下午四點，婆婆簡單準備了一個日式雪見鍋以及她覺得台灣人會喜歡吃的炸春捲，迎接我這個遠道而來的未來媳婦。當時餐桌上的料理，自然也成為我這趟關鍵命運日本行中，印象極深刻的味道。

其實，日本的炸春捲和台灣不太一樣，內餡裡包著滿滿的蔬菜和冬粉，肉末反而變成是配角。也因此，炸春捲也是日本媽媽常做給挑食小孩吃的料理之一，外皮卡滋卡滋的口感會讓孩子忘記裡面包著自己不喜歡的蔬菜，一口接一口，不知不覺就可以吃掉很多個！

通常日本人會把炸好的春捲沾著醬油和黃芥末一起吃，清爽的醬汁配上春捲酥脆的口感，總讓人吃過一次就上癮。

食材 3 人份

- 春捲皮 約 20 張
- 肉末 半碗約 200 克
- 豆芽菜 1 盤
- 生香菇 3 朵
- 蔥末 半碗
- 冬粉 1 把
- 其他蔬菜（如紅蘿蔔、木耳）隨意

調味料

- 醬油 1 大匙
- 水 1 大匙
- 柴魚粉 少許
- 白胡椒 少許

麵糊

- 麵粉 1 大匙
- 水 1 大匙

1 _____ 把所有食材洗淨切片，可稍微切大一些，吃起來口感較好。冬粉泡軟後切段。除了可帶出香氣的香菇、增加口感的豆芽菜以及會吸附湯汁的冬粉是建議一定要放入的食材，其他可視家裡冰箱還剩什麼食材來靈活運用。

2 _____ 把肉、蔥末及較硬的紅蘿蔔先炒香。

3 _____ 放入香菇和木耳一起拌炒。

4 _____ 加入調味料，把冬粉和湯汁煮滾稍微收乾。

5 _____ 放入豆芽菜和其他蔬菜後馬上關火，利用餘溫稍微拌炒蔬菜即可。

6 _____ 將 5 放涼後，調好麵糊，就可以開始包春捲。

7 _____ 取一大匙內餡放在春捲皮中心 1/3 處，把皮和餡料捲起來。注意內餡不要放太多，炸的時候比較不會破掉。

8 _____ 用調好的麵糊在尾端接合處黏起來。通常我會一次做 20 捲左右冰在冷凍庫，要吃的時候再拿出來炸，很方便。

9 _____ 油鍋用中火加熱至 180 度，放入春捲炸至兩面呈金黃色即可。

⊙ 蔥末也可用洋蔥取代。

⊙ 測試油溫的小方法：捏一小塊春捲皮或一小塊蔬菜放入油鍋，若浮起來產生泡泡就表示溫度夠高，可以放入食材油炸了。

1

2

3

4

5

6

7

8

9

日式煎餃 燒き餃子

和先生結婚這些年來，讓我最驚訝的大概就是吃餃子配飯這件事了。和台灣人的習慣不同，日本人覺得煎餃是配菜，一定要和白飯或拉麵一起吃才對味，而我也漸漸發現其中的奧妙。

原來因為台灣的餃子是主食，所以皮較厚、有口感；日式煎餃的皮很薄，只比餛飩皮厚一些，煎起來會很酥脆，再加上裡面包了滿滿的蔬菜，沾著特製醬料和白飯一起吃，真的一點違和感都沒有。日式煎餃的調味和台灣很不一樣，只要掌握一些小訣竅就可以做出來台展店的日本餃子名店的味道喔！

食材　3人份

- 豬絞肉　300 克
- 洋蔥　1 顆
- 高麗菜　半顆
- 韭菜　半碗
- 蔥　半碗
- 蒜末　1 小匙
- 薑末　1 小匙

調味料

- 香油　2 大匙
- 醬油　1 大匙
- 味噌　1 大匙
- 胡椒鹽　1 小匙
- 糖　1 小匙
- 柴魚粉　1 小匙
- 米酒　少許

煎餃時用的麵粉水

- 麵粉　1 小匙
- 水　200c.c.

煎餃沾醬

- 醬油　1 大匙
- 辣油　1 小匙
- 白醋　1 小匙

> ⊙ 日式煎餃通常會加些蒜頭來增加香氣，很多店家也會在餡料中加入味噌讓味道變圓潤。
>
> ⊙ 洋蔥是日式煎餃的主角，可讓餃子鮮甜多汁。

1 —— 豬絞肉裡滴幾滴米酒和 50c.c. 的水拌勻，讓肉變多汁。

2 —— 洋蔥切丁，和薑末蒜末一起放入大碗中。接著放入香油，用 700W 微波 5 分鐘。 如果沒有微波爐，也可用平底鍋炒軟。

3 —— 把高麗菜、韭菜、蔥切末，水分擰乾，和豬肉及微波好的洋蔥放在大盆子裡。放入味噌和其他調味料拌勻，放冰箱 30 分鐘後就可以包餃子。

4 —— 台灣的餃子皮比日本厚，如果喜歡酥脆口感，可買最小張的水餃皮，包之前再拉薄一點。包餡時，日式煎餃是把滿滿的餡料攤開在餃子皮上，這樣每一口都可以吃到餡料。

5 —— 熱鍋後在鍋底平均抹油，放上包好的餃子，淋上麵粉水。蓋上蓋子，用中小火煮乾水分，鍋底呈現冰晶狀就可以起鍋了。

2

3

4

5

餃子拉麵 餃子ラーメン

我想很多媽媽都有過包餃子剩下皮或餡料的困擾吧？這裡就來分享一個餃子餡料再利用的好吃食譜，而且這還是日本群馬縣特產的餃子拉麵呢！

食材　2人份

- 餃子餡　1 碗
- 蔥末　少許
- 薑末　少許
- 絞肉　適量
- 生拉麵　2 團
- 水　3 碗
- 豆芽菜　適量

調味料

- 醬油　2 大匙
- 辣油　1 大匙
- 白醋　1 大匙
- 柴魚粉　適量

1 —— 從冷凍庫取出餃子餡退冰，和蔥末、薑末與適量絞肉一起炒香。

2 —— 調味料在小碗中拌勻後倒入鍋中，拌炒至醬汁收乾。然後和水一起放入湯鍋中煮滾，依個人口味放些許柴魚粉調味。

3 —— 麵條和豆芽菜燙熟後放入碗中，加入煮好的湯即完成。

2

3

 酸辣度可自行調整，也可加些胡椒鹽增添風味。

麻婆豆腐 マーボー豆腐

麻婆豆腐這道菜不只在台灣有高人氣,在日本也非常受歡迎,很多日本人上中華餐館,必點的菜就是麻婆豆腐。又麻又辣的花椒香氣和軟嫩的豆腐,會讓人不自覺地多吃好幾碗飯。其實,用剩下的水餃餡也能快速做出這道中華名菜喔。

食材 3人份

- 水餃餡 半碗
- 嫩豆腐 1塊

調味料

- 辣豆瓣 1大匙
- 醬油 1大匙
- 市售麻辣醬 1大匙
- 糖 1小匙
- 柴魚粉 適量
- 太白粉水 半碗

1 ____ 炒香水餃餡。通常這個步驟可以不放油,如果怕鍋子會沾黏可放一些香油。

2 ____ 除太白粉水以外的調味料都放碗中攪拌均勻,倒入鍋中和水餃餡一起煮滾。

3 ____ 放入切塊的嫩豆腐,轉小火滾約 5~10 分鐘讓豆腐入味。放入太白粉水勾芡,我的習慣是一次放一小匙,稍微攪拌,這樣太白粉水比較不會結塊。最後開大火煮滾就完成了。

1

3

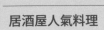

香草番茄沙拉 冷やしトマト

這道番茄冷盤是是日本居酒屋常見料理。記得和先生一起去居酒屋小酌一杯時點了這道菜來吃，我心裡還覺得有點浪費錢，但吃了一口之後，就被它單純冰涼的美味給吸引住了。從此，這道料理變成我們家夏天的必備菜餚之一。

炎熱的夏天不用開火的這道菜，就是媽媽們最好的朋友，純粹的味道保證吃過一次就會愛上！

主食材 3人份

• 番茄 2顆
• 洋蔥 少許
• 羅勒 少許

調味料

• 柴魚醬油 2大匙
• 蜂蜜 1小匙

1 _____ 番茄切片，羅勒和洋蔥切碎；沒有羅勒用九層塔也可以。

2 _____ 把切片番茄放在盤子上。

3 _____ 放上洋蔥和羅勒，最後淋上調味醬汁即可。

> ⊙ 這道菜的醬汁可隨興更換，例如用橄欖油淋在番茄上再撒點鹽巴也很好吃，或不加蜂蜜擠些柳丁汁和柴魚醬油一起混合，搭配起司也不錯。

1

2

3

超美味家庭料理

一家吃飽吃好真放心！

蛋沙拉三明治、香草嫩煎雞肉、和風冷麵……

各式好吃易學的家常美味，

還有不浪費食物的料理大變身法，

不只吃飽飽也省荷包。

和風芝麻拌菠菜　ほうれん草の胡麻和え

從小我就非常喜歡吃菠菜，只要媽媽有炒菠菜，我就可以吃掉一大盤，菠菜可說是我最愛的綠色蔬菜了。

後來嫁給日本先生後，發現婆婆的冰箱裡一定會有涼拌菠菜。她會一次做很多，裝進保鮮盒，再放到冷藏室。夏天不想進廚房大火快炒時，婆婆就會拿出這道常備菜，配上味噌湯，就是美味的一餐了。

這是很方便的一道料理，只要把菠菜汆燙後加上簡單的調味，就是日本家庭常備菜。

食材 3人份

- 菠菜 1把

調味料

- 白芝麻 1小匙
- 香油 1小匙
- 味噌 1小匙
- 醬油 1大匙
- 柴魚粉 1小匙

1 ──── 切掉菠菜根部，用水仔細洗淨後切段。

2 ──── 放入滾水中汆燙約 30 秒撈起，用冷水沖涼，擠乾水後後放入碗中。

3 ──── 將所有調味料混合均勻後與菠菜拌勻即可。

⊙ 也可用其他青菜如油菜或空心菜取代。

⊙ 白芝麻可事先放入小袋子，用擀麵棍或酒瓶稍微打一下，讓芝麻的香氣跑出來味道會更好。

⊙ 冷藏約可保存一週，是很方便的常備菜。

1

2

3

壺漬辣韭菜 辛壺ニラ

常去日本旅行的人，應該會發現有一些拉麵店的桌邊會放置一些免費配菜，讓客人自由添加變換味道，其中最常見的就是豆芽菜和韭菜了。這些小配菜通常有點辣，但都超級美味，加進拉麵裡會讓人一口接一口，甚至很多人就是為了這些小配菜而去消費。

現在就來分享這道辣韭菜，拉麵迷的你一定不能錯過！

食材 3 人份

• 韭菜 1 大把

調味料

• 鹽巴 少許
• 香油 1 大匙
• 醬油 1 大匙
• 味霖 1 小匙
• 韓國辣椒粉 1 小匙
• 豆瓣醬 1 小匙
• 蒜泥 1 小匙

1 —— 韭菜洗淨切段放入大碗中，撒少許鹽巴放置 1 小時讓韭菜出水，去除生澀味。

2 —— 放置 1 小時的韭菜會變軟出水，可用開水稍微洗過後擰乾水分。

3 —— 加入所有調味料拌勻，放入冰箱 3 小時入味後就可以吃了。

1

2

3

⊙ 韓國辣椒粉在各大超市都有賣，不加也沒關係。

⊙ 放冰箱冷藏約可保存 1 星期，不管吃麵或當成涼拌豆腐的配菜都很好吃。

雙醬蘆筍鴻喜菇 アスパラとしめじのバター醤油炒め

蘆筍是日本人很愛吃的春夏食材。只要餐桌上出現蘆筍,就能感受到濃濃的春天氣息和消暑感。

和台灣喜歡把蘆筍燙熟沾美乃滋吃的方式不太一樣,日本很喜歡用奶油和醬油帶出蘆筍的香氣,配上鴻喜菇更是經典中的經典。

這也是日本超市中常做給媽媽們試吃的料理,調理方式簡單又美味,是日本餐桌常見的家常菜,非常下飯喔!

食材 3人份

- 蘆筍 1把
- 鴻喜菇 1包

調味料

- 醬油 1大匙
- 奶油 1小塊，約10克
- 柴魚粉 少許

1 —— 鴻喜菇切除底部（有些品牌如好菇道的菇是在無菌狀態下生產，可以不用清洗直接料理），撕開成小朵後備用。蘆筍洗淨後斜切，烹煮時較易入味。

2 —— 起一鍋滾水，蘆筍汆燙約30秒，如果是細蘆筍則15秒即可撈起。

3 —— 開中火，放入奶油，加入2的蘆筍和鴻喜菇一起拌炒至菇有點軟化。

4 —— 倒入醬油，繼續拌炒約2分鐘。上色後，加入少許柴魚粉做最後調味即完成。

⊙ 如果買不到蘆筍，可用四季豆或扁豆取代。

⊙ 吃不完可以放冷藏，要吃時再撒些黑胡椒變換味道，不管是稍微加熱或直接吃都很好吃。

1

1

2

3

4

地中海風味雙菇檸檬沙拉 シメジのマリネ

當炎炎夏日沒有食慾或累到沒力氣外食時，我就會用微波爐花短短三分鐘做這道料理。無菌生產的鴻喜菇不用清洗，微波或汆燙後擠幾滴檸檬汁和橄欖油，最後用一點胡椒鹽調味，就是很清爽的涼拌菜。不管夾麵包或配白飯一起吃都很適合，是很省時的一道開胃菜。

步驟超簡單，誰都能做出來，料理新手更要試試這道懶人食譜，會給你滿滿的成就感。

食材 3 人份

- 鴻喜菇 1 包
- 雪白菇 1 包

調味料

- 橄欖油 1 大匙
- 檸檬汁 1 小匙
- 胡椒鹽 1 小匙

1 _____ 鴻喜菇和雪白菇的基底切除。

2 _____ 把菇用手剝開，放入大碗，用微波爐 700W 微波 90 秒。

3 _____ 微波好的菇中放入橄欖油、胡椒鹽、檸檬汁拌勻即可。

1

2

3

⊙ 如果沒有微波爐，可用滾水把菇汆燙一下也有相同效果。

⊙ 胡椒鹽的分量可依個人口味調整，也可用鹽巴取代胡椒鹽。

味噌漬豆腐 豆腐の味噌漬け

說到豆腐和味噌，大家想到的一定是味噌湯，但除此之外，日本還有「味噌漬豆腐」這道簡單又高人氣的料理。

用味噌醃漬了三天的豆腐，不僅可以吃到味噌的鹹香，更襯托出豆腐本身的豆香味，不論是配飯或當下酒菜都非常適合，絕對是愛吃豆腐料理的人不能錯過的一道單純美味。

食材 3 人份

• 板豆腐 1 塊

調味料

• 味噌 2 大匙
• 醬油 1 大匙
• 味霖 1 大匙

1 _____ 豆腐用廚房紙巾包覆約半小時，吸乾表面水分。

2 _____ 調味料放入碗內混合均勻。

3 _____ 豆腐放入保鮮盒，把調好的味噌淋在豆腐表面，然後冷藏。

4 _____ 第二天取出豆腐，用湯匙刮落豆腐表面的味噌，將豆腐翻面，再把味噌醬淋在豆腐上，繼續冷藏一天。

5 _____ 拿出冰滿 48 小時的豆腐，刮掉豆腐表面的味噌，切塊。

6 _____ 平底鍋抹油，把豆腐放入煎熟即可。

⊙ 豆腐煎好後可以直接吃，也可以沾韭菜醬汁一起吃也很對味。

⊙ 剩下的味噌可拿來煮味噌湯或繼續醃漬第二塊豆腐。

1

2

3

4

5

6

香拌豆芽 もやしナムル

我覺得豆芽菜真的是佛心來著的國民蔬菜。不僅價格波動小,清脆的口感超好吃,不管是在台式陽春麵、韓式小菜或日式炒麵中,都扮演重要的角色,是營養價值高、熱量和價格都低的食材,也是颱風時必搶的蔬菜之一。

因為取得容易,我常拿來做成各式小菜,「香拌豆芽」就是我們家冰箱裡必備的小菜。做法很簡單,立馬動手試試看!

主食材 3人份

• 豆芽菜 約 200 克

調味料

• 香油 1 大匙
• 柴魚粉 1 小匙
• 芝麻 少許

1 —— 豆芽汆燙約 10 秒後撈起，用冷水沖涼濾乾，放入大碗中。

2 —— 把所有調味料放入拌勻即可。

⊙ 調味料拌好其實就可以吃了，也可以放入冰箱冰涼，豆芽的口感會更清脆入味。

⊙ 可以加一些韓國辣椒粉或胡椒鹽做點小變化。

1

2

辣拌黃瓜 ピリ辛キュウリ

小黃瓜是很方便的食材,一年四季都有,再加上可以生食,因此我很喜歡拿它入菜。不管是搭配早餐的吐司或沙拉、涼拌菜等,小黃瓜真的是忙碌現代人的好幫手。

而我們家最常吃的涼拌小菜就是辣拌黃瓜,只要兩種調味料和三分鐘,就可以完成這道清脆爽口的料理,冰涼吃更是美味。

主食材 3 人份

• 小黃瓜 1 條

調味料

• 辣油 適量

• 胡椒鹽 適量

1 ——— 小黃瓜切薄片，胡椒鹽和辣油比例約 1：1，可依個人喜好調整。

2 ——— 把調味料和切片的小黃瓜拌勻就可以吃了。也可以放冰箱 20 分鐘，入味後更可口。

1

2

⊙ 如果不敢吃辣，可用香油取代辣油。

萬用韭菜醬 ニラの万能調味料

每次回日本婆家，我最喜歡去看婆婆的冰箱了，因為總會有新發現。除了常備菜之外，還會有各式各樣自製的調味醬，像是萬用韭菜醬，就是讓我吃過一次後決定馬上學起來的醬汁，回台灣後我也做過好多次，現在成了我家冰箱必備的醬汁。

不管是拌麵拌飯、早餐的蛋餅或當做煎餃的醬料等，這個醬料真的超級美味，而且做法很簡單，是一種只要加一點點就會替料理大大加分的好物唷。

食材 3 人份

• 韭菜 1 把

調味料

• 醬油 3 大匙
• 味霖 1 大匙
• 香油 1 大匙
• 薑末 1 小匙

1 —— 韭菜洗淨,切末。

2 —— 把所有調味料和韭菜末一起拌勻,放冰箱靜置 3 小時即可。

⊙ 也可用蔥花代替韭菜,一樣好吃。

⊙ 和調味料一起拌勻的韭菜在靜置 3 小時會大幅降低辛辣感,這樣的醬料放冷藏可保存一星期,喜歡吃辣的話也可加些辣油。

1

2

椒鹽蔥醬 焼肉屋さんのネギ塩ダレ

我想，應該很少有人不喜歡燒肉店的椒鹽蔥吧？烤好的肉不用沾醬，只要有椒鹽蔥，用肉包著一起吃就好美味。

不只可以跟肉一起吃，這道椒鹽蔥醬拿來配飯或拌麵都味道絕佳，而且做法超簡單，不用開火，只要三種材料就可以做出道地的椒鹽蔥醬喔。

主食材 3人份

• 蔥花 1 碗

調味料

• 胡椒鹽 適量

• 香油 適量

1 —— 蔥花切好後放入耐熱容器中,加入所有調味料,
包上保鮮膜用微波爐 500W 微波 2 分鐘。

2 —— 用湯匙把蔥花和調味料拌勻即可。如果沒有微波
爐,也可在炒鍋中放香油,加入蔥花與胡椒鹽稍
稍拌炒一下即可。

1

2

◉ 用洋蔥切丁做出來的
椒鹽蔥醬也一樣好吃!

香拌黃瓜豆腐泥 豆腐とキュウリの中華風サラダ

第一次吃到香拌黃瓜豆腐泥，是在北海道吃蒙古烤肉的時候店家端出來的前
菜，雖然只有一小盤，卻令我和先生非常驚豔，於是忍不住再跟店家續了一盤。
回台灣之後，這道菜便成了我們家夏天很常出現的料理。

小黃瓜清爽的口感和豆腐真是絕配，加上香油更令人食慾大開，任誰都能輕鬆
做出這道爽口的料理。

主食材 3 人份

- 板豆腐 1 塊
- 小黃瓜 1 條

調味料

- 胡椒鹽 適量
- 香油 適量

1 _____ 板豆腐去除水分捏碎，小黃瓜切細丁。

2 _____ 把豆腐、小黃瓜和所有調味料拌勻即完成。

1

2

> ⊙ 板豆腐的水分一定要
> 去除，吃起來才不會水
> 水的。去除板豆腐水分
> 的方法請參第 170 頁。

馬鈴薯沙拉 ポテトサラダ

以前的我是不敢吃美乃滋的,可能是台灣的美乃滋偏甜,而我又不嗜甜,因此只要有用到美乃滋的料理我都不愛。但自從畢業後常到日本出差,發現日本美乃滋的顏色和台灣大不相同,而且一點都不甜,還有一股獨特香氣。也因此,我開始愛上各式各樣用日式美乃滋做的料理。

其中最經典的就是馬鈴薯沙拉。日本的馬鈴薯沙拉一定會放洋蔥絲和小黃瓜片,配上日式美乃滋拌勻,就算是不喜歡吃青菜的小孩,也可以輕鬆吃光一整碗喔。

食材 3人份

- 馬鈴薯 2顆
- 小黃瓜 半條
- 洋蔥 半顆

調味料

- 日式美乃滋 2大匙
- 胡椒鹽 1小匙

1 _____ 馬鈴薯去皮切，小塊放入大碗中，加入可蓋住馬鈴薯的水量後，用700W微波10分鐘，讓馬鈴薯軟化。

2 _____ 洋蔥切絲、小黃瓜切片，怕洋蔥辛辣味的話可先泡水減輕辣度。

3 _____ 微波好的馬鈴薯把水倒掉，用叉子將馬鈴薯壓成泥狀。

4 _____ 放入洋蔥絲和小黃瓜片，再加入美乃滋和胡椒鹽，仔細拌勻後就是好吃的馬鈴薯沙拉。

⊙ 如果家中沒有微波爐，也可用瓦斯爐或電鍋把馬鈴薯煮軟。

⊙ 沒有胡椒鹽的話，可用柴魚粉和黑胡椒取代。

⊙ 用大創賣的切片器就能輕鬆切出漂亮的洋蔥絲和黃瓜片。

1

2

3

4

蛋沙拉三明治 卵サンド

和日本人結婚後，我發現他們是一個很喜歡吃水煮蛋的民族，常常看到他們早餐一顆水煮蛋配一片吐司和黑咖啡，或是做成蛋沙拉等，早餐餐桌上常可見到水煮蛋的身影。

接著就來介紹用蛋沙拉變身出來的料理。蛋沙拉三明治是我們家早餐常出現的主食，只要冰箱裡有事先煮好的水煮蛋，加上簡單的調味，就可以快速做好一頓早餐。

食材 3 人份

• 水煮蛋 3 顆

調味料

• 美乃滋 2 大匙
• 洋蔥末 1 大匙
• 黑胡椒 少許
• 柴魚粉 少許

1 _____ 用叉子搗碎水煮蛋，加入所有的調味料後拌勻。

2 _____ 均勻抹在吐司上，再蓋上另外一片吐司。

3 _____ 用刀子切成 2 至 3 等分即可。

1

2

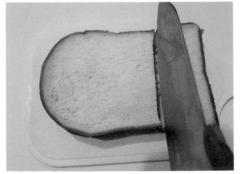

3

⊙ 調味時可依個人喜好
加入咖哩粉或芥子醬，
做不同口味的變化。

蛋沙拉烤洋蔥鮭魚 鮭のたまごマヨ焼き

每次做蛋沙拉我都會多做一點，因為可以做成別的料理，非常省事。尤其是取代起司做成焗烤，美乃滋的鮮甜加上蛋烤過後的口感，非常清爽好吃。例如蛋沙拉烤鮭魚，只要把所有食材用鋁箔紙包住放進烤箱烤，就能完成一餐的主菜。

食材 3 人份

- 鮭魚 1 片
- 蛋沙拉 適量
- 洋蔥 適量

調味料

- 鹽 少許
- 黑胡椒 少許
- 米酒 少許

1 —— 鋁箔紙上面放一片鮭魚，撒上鹽巴並滴幾滴米酒去腥。然後依序放上洋蔥和蛋沙拉，最後撒些黑胡椒。

2 —— 把鋁箔紙包起來，放進烤箱，用攝氏 230 度烤 20~30 分鐘即可。

1

2

白蘿蔔沙拉 大根サラダ

說到白蘿蔔,在台灣大多是拿來煮湯,或是和肉一起燉煮,但其實在日本居酒屋常可吃到用白蘿蔔做成的沙拉。這道小菜的處理方式一點都不麻煩,如果想要控制體重的話,也可拿來取代主食喔!

食材 3 人份

* 白蘿蔔 1 條
* 小黃瓜 1 條
* 蛋沙拉 1 碗

調味料

* 胡椒鹽 適量

1 —— 白蘿蔔刨絲,泡冰水 30 分鐘,可以去除白蘿蔔的辛辣味。

2 —— 擠乾蘿蔔絲的水分,加上黃瓜絲,和蛋沙拉及胡椒鹽拌勻即可。如果蛋沙拉不夠多,可加入一些美乃滋。

1

2

橄欖油漬舞菇 舞茸のオリーブオイル漬け

舞菇是很多日本人喜愛的食材，口感彈牙熱量又低，100 克的重量熱量不到 20 卡，很多日本人會拿它來取代肉類，是想要控制體重時很好的幫手，有很多日本藝人說過，他們就是靠著舞菇讓身體變輕盈呢。也因此，日本料理中常可見到舞菇的身影。

除了常見的烹煮方式，這裡要分享的是我家每星期都會做的橄欖油漬舞菇。舞菇的口感搭配上橄欖油的香氣，真的很棒唷。

食材 3 人份

• 好菇道舞菇 1 包
• 洋蔥末 半顆

調味料

• 橄欖油 約食材的一
  半量

1 —— 舞菇直接從袋子取出不用洗，切末。洋蔥末的量和舞菇抓 1：1 左右。

2 —— 舞菇和洋蔥放入大碗中，倒入橄欖油，橄欖油的量是舞菇和洋蔥總量的一半。接著用 700W 微波 3 分鐘，或用瓦斯爐小火慢慢炒軟洋蔥和舞菇。

3 —— 用湯匙把舞菇和洋蔥拌勻，放涼即完成，放入冰箱約可保存 10 天。不管是拌麵、燙青菜或和雞腿一起烤，都非常美味。

1

2

3

料理大變身1

清炒義大利麵 水漬けパスタ

最近日本很流行一種料理法，就是把義大利麵泡水3小時，就可以做出如現擀義大利麵的口感，再用事先做好的橄欖油漬舞菇加蒜頭稍微炒香，就可做出好吃的義大利麵了。

食材 3人份

- 義大利麵條　適量
- 水　適量
- 橄欖油漬舞菇　2大匙
- 蒜末　1大匙

1 ——— 乾義大利麵條均勻泡在水中3小時，變軟變白後取出。

2 ——— 平底鍋中放2大匙橄欖油漬舞菇，加入蒜末一起炒香後再倒一碗水煮滾。

3 ——— 放入義大利麵條，麵條遇熱會恢復淡黃色，這時蓋上鍋蓋轉中小火讓麵條悶熟。水分收乾後炒到自己喜歡的硬度，加點黑胡椒和鹽巴調味即可。

1

2

3

舞菇吐司披薩 舞茸のピザトースト

吐司披薩是我們家早餐桌上很常出現的料理。我用吐司代替做工繁複的披薩餅皮，放上事先做好的橄欖油漬舞菇，再撒上滿滿的起司後用烤箱烤熟。舞菇鮮脆的口感讓披薩吃起來更顯清爽。

食材 3人份

- 吐司 2片
- 橄欖油漬舞菇 半碗
- 焗烤用起司 適量

調味料

- 番茄醬 2大匙
- 美乃滋 2大匙

1 —— 番茄醬和美乃滋拌勻後均勻抹在吐司上。

2 —— 鋪上橄欖油漬舞菇。

3 —— 灑上焗烤用起司，放入烤箱烤到起司融化即可。

1

2

3

燒肉蓋飯 燒肉丼

冬天吃火鍋時，常常會剩下很多肉片，這時我就會拿來做成其他料理，因為火鍋肉片比較薄、很好入味，短時間內就可以變化出很多料理。

燒肉蓋飯就是這樣一道料理，只要簡單幾個步驟，淋在飯上面就是讓人停不下來的好吃燒肉飯。

食材　3人份

- 肉片　適量
- 白飯　1碗

調味料

- 醬油　1大匙
- 味霖　1大匙
- 米酒　1大匙

1 —— 用平底鍋把肉片兩面都煎一下。

2 —— 倒入燒肉醬汁煮滾，讓肉片兩面上色。

3 —— 把肉片鋪在飯上、淋上醬汁，好吃的燒肉蓋飯就完成了。

1

2

3

⊙ 可以放一些蔥花或洋蔥末和燒肉飯一起吃，非常清爽對味喔。

燒肉飯糰 焼肉のおにぎり

每次做燒肉飯糰，老公和孩子就會搶著吃。用肉片包裹著飯糰，把表面煎得焦香，再放入醬汁一起煮，不管是肉片或白飯都吸滿了醬汁，一不小心就會吃掉好幾個。這道料理既適合在家吃，帶便當和野餐也很方便喔。一起來試試看吧。

食材 3人份

- 火鍋肉片 適量
- 白飯 1碗
- 香鬆 適量

調味料

- 醬油 1大匙
- 味霖 1大匙
- 米酒 1大匙

1 ——— 白飯撒上香鬆拌勻，捏成球狀。

2 ——— 取一片火鍋肉片鋪平在盤子上，放一顆飯糰，用肉片把飯糰上下捲起來。

3 ——— 再取出一片肉片，把飯糰的左右部分包起來。

4 ——— 用平底鍋把肉飯糰的表面煎成金黃色後放入醬汁，直到收乾即可。

1

2

4

一口千層蔬菜炸豬排 野菜卷とんかつ

自從結婚後，我和先生最常外食的地方就是日式炸豬排店了。酥脆的豬排沾上甜甜的豬排醬和生菜一起吃，完全沒有油膩感。其實這樣好吃的日式炸豬排，也可以在家做出迷你一口版本，還能隨意包入自己喜愛的食材，讓口感的豐富度大大提升。

食材 3人份

- 豬里肌肉片 適量
- 蔬菜 隨意

炸粉

- 蛋液 1顆
- 麵包粉 適量
- 麵粉 適量

1 —— 蔬菜切適中大小，放在豬里肌肉片中間。

2 —— 用肉片把蔬菜三邊包起來，像捲春捲一樣往上捲，直到蔬菜被完全包覆住。

3 —— 依序沾上麵粉、蛋液和麵包粉，用180度的油溫炸成金黃色即可。

> ⊙ 日式豬排醬在超市都買得到，或者也可以不沾醬，直接在肉上撒粗鹽也很好吃。

1

2

3

洋蔥肉燥 ひき肉と玉ねぎの醬油炒め

我覺得日本人真的是一個很愛吃洋蔥的民族,不管是煮湯或炒菜,很多日本料理中都可以見到洋蔥的身影。我們家也是洋蔥愛好者,幾乎每個禮拜都會吃掉一袋。

我想跟大家分享這道用洋蔥炒出來的肉燥,不僅簡單又好吃,也因為調味單純,還可拿來做很多其他的料理,無論是配飯或帶便當都很適合,保證吃過一次就會喜歡上這個味道。

食材 3 人份

• 豬絞肉 300 克
• 洋蔥 1 顆

調味料

• 醬油 1 大匙
• 味霖 1 大匙

1 —— 洋蔥切末,和絞肉一起放入平底鍋,炒至洋蔥軟化。由於絞肉本身有一點油脂,因此鍋裡可以不用放油。

2 —— 放入醬油和味霖,拌炒至醬汁收乾即可。

1

2

⊙ 洋蔥量和絞肉比例約 1:1,多放一些洋蔥可讓肉更清甜。

⊙ 炒洋蔥和肉末時煎不用常翻炒,我習慣把食材鋪平後,小火煎 2~3 分鐘翻炒一次,省時又不費力。

番茄檸檬打拋肉 ひき肉のタイ風炒め

這道打拋肉是利用洋蔥肉燥所延伸出來的料理。

我家孩子不敢吃辣,加上先生不太喜歡魚露的味道,因此我會用檸檬汁來取代魚露,結果意外地讓這道菜變得很清爽,即使小朋友也可以大口大口地吃。每次準備這道菜,家人總能吃掉好幾碗飯。

做法很簡單,只要利用之前已炒好的肉末,就能輕鬆做出好吃的打拋肉。愛吃泰式料理的你,一定不能錯過這道簡單的料理喔!

食材 3人份

- 洋蔥肉燥 1碗
- 番茄 1顆
- 檸檬 半顆
- 九層塔 適量

調味料

- 醬油 1大匙
- 糖 1小匙
- 柴魚粉 少許

1 _____ 準備已炒好的洋蔥肉燥，番茄切丁，九層塔洗淨備用。

2 _____ 不用放油，直接把番茄放入平底鍋用小火炒軟。可加些水拌炒，讓番茄軟化的速度變快。

3 _____ 把洋蔥肉燥和番茄一起拌炒後，放入醬油、糖和柴魚粉，再擠半顆檸檬，炒到醬汁收乾。

4 _____ 最後放入九層塔再拌炒一下就完成了。

⊙ 喜歡吃辣的可以加一些辣椒一起炒會更下飯喔！

1

2

3

4

料理大變身2

義大利肉醬 ミートソース

提到義大利肉醬麵，首先想到的就是做法繁瑣的炒番茄洋蔥和肉末，但其實，要做出好吃肉醬一點都不難。只要利用吃剩的打拋肉，短短十分鐘內就能做出好吃的義大利肉醬，不只省時道地，淋在義大利麵上和起司一起吃更是絕配。

食材 3 人份

- 番茄檸檬打拋肉 1 碗
- 番茄 1 顆
- 可果美番茄汁 1 罐

調味料

- 義大利香料 適量
- 香蒜黑胡椒 適量
- 糖 少許
- 柴魚粉或雞粉 少許

1 —— 準備好番茄檸檬打拋肉和番茄汁一罐，番茄洗淨切丁。

2 —— 切丁的番茄放入平底鍋炒軟，然後放入番茄檸檬打拋肉和番茄汁。

3 —— 加入義大利香料和香蒜黑胡椒，蓋上鍋蓋用小火悶煮 10 分鐘，湯汁變濃稠再依個人口味加入糖和柴魚粉調味。

1

3

墨西哥烤餅 カサディーラ

我和家人很喜歡吃墨西哥烤餅，但市售的墨西哥餅皮都很大一包，因此我都用蛋餅皮來做。利用義大利肉醬加上起司和香草，就是好吃又簡單的起司烤餅了。

食材 3 人份

- 義大利肉醬 1 碗
- 蛋餅皮 2 片
- 起司 適量
- 香草（可不放） 適量

1 —— 用平底鍋將蛋餅皮稍微加熱變軟，依序放上義大利肉醬、起司和香草；起司不限種類，一般焗烤用的就可以了。

2 —— 蛋餅皮對折成一半，周圍用鏟子壓一下，讓起司不會流出來。

3 —— 兩面煎成金黃色就完成了。

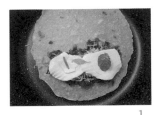

1

3

和風冷麵 冷やしそうめん

在日本，炎熱的夏天裡如果不想吃熱食，最常吃的就是和風冷麵了。只要把麵
線或蕎麥麵煮好，用冷水沖涼，沾上清爽的柴魚醬汁，不管再怎麼沒食慾，任
誰都可以吃掉一整盤。

除了台式涼麵之外，就讓清爽的和風冷麵陪你度過炎熱夏日吧。

食材 2人份

• 麵線 2綑

調味料

• 柴魚醬油 2大匙
• 味霖 1大匙
• 醬油 1大匙
• 水 100c.c.
• 芥末 少許
• 蔥花 適量

1 —— 挑選一綑綑有點粗度的麵線。

2 —— 麵線燙熟,可依據個人喜好調整麵線軟硬度。

3 —— 麵線放入冰水中冰鎮,所有沾醬調味料放在碗中
拌勻。日本冷麵的吃法是夾一口份量的麵線沾取
適量醬汁,這樣的吃法很清爽,可以試試看。

1

2

3

日式雞肉炊飯 炊き込みご飯

我們很常在家吃冷麵，因此也常會剩下很多沾麵醬汁，丟掉又覺得可惜，這時我就會把剩下的醬汁冰起來，之後拿出來做炊飯。做法很簡單，只要加入牛蒡和雞肉等，就能做出道地的雞肉炊飯了，既不浪費食材又省時。

食材 3 人份

- 雞腿肉 1 片
- 牛蒡 適量
- 鴻喜菇 半包
- 沾麵醬汁 1 碗
- 白米 1 杯
- 冰塊 2 塊

1 —— 把沾麵醬汁倒入米量杯中；一杯米只要一個量杯的醬汁就夠了，依此類推。

2 —— 米洗好後，放入沾麵醬汁。

3 —— 依序放入切丁的雞腿肉、牛蒡絲、鴻喜菇及兩顆冰塊，按下煮飯鍵。放入冰塊煮出來的米飯會更鬆軟好吃喔！

4 —— 煮好後悶半小時，加入少許蔥花用飯匙拌勻，好吃的雞肉炊飯就完成了。

1

2

3

料理大變身 2

炸麻糬球 揚げ団子

其實我覺得這道甜點有點像簡易版的 QQ 蛋。這是用沒吃完的麵線，加上地瓜粉攪拌後油炸，外皮酥脆裡面中空的口感，和 QQ 蛋沒兩樣。炸好後可以撒上黃豆粉或黑糖粉一起吃，味道更是高雅，大人小孩都很喜歡。不妨試試這道完全不費力的酥脆炸麻糬吧。

食材 3 人份

- 煮好的麵線 1 碗
- 地瓜粉 1 碗
- 糖 1 大匙

1 ——— 麵線、地瓜粉、糖放入調理機中拌勻，攪拌後看起來有點像魚漿。

2 ——— 用湯匙挖一匙粉漿下油鍋。

3 ——— 炸成金黃色即可撈起。

1

1

3

肉末舞菇蔬菜咖哩 ヘルシー舞茸と挽肉の 野菜カレー

日本人在夏天非常愛吃咖哩飯。先生說他以前還沒派駐海外時,在日本一個星期幾乎可以吃三次咖哩飯,可以說,夏天的必備食物就是咖哩。咖哩雖然好吃,但因內含大塊的肉和馬鈴薯,又超級下飯,很容易吃一餐就卡路里爆表。因此我以絞肉取代肉塊,不加馬鈴薯,而用大量洋蔥和舞菇,煮出來的咖哩熱量相對低很多,再配上水煮蛋和沙拉,即使正在控制體重,也能輕鬆享用美食。馬上就來看看這道日本流行的人氣咖哩食譜做法吧。

食材 2人份

- 絞肉 約半碗
- 洋蔥 2顆
- 舞菇 2包

調味料

- 不同廠牌咖哩塊 各1小盒
- 水 4碗

1 ＿＿＿＿ 洋蔥末和絞肉炒到洋蔥軟化、肉有點焦香後，放入切小塊的舞菇一起拌炒。

2 ＿＿＿＿ 加水煮滾。

3 ＿＿＿＿ 加入2小盒咖哩塊於煮滾的湯中拌勻；通常我會用兩種不同品牌的日式咖哩，味道會更豐富。

4 ＿＿＿＿ 煮好的咖哩靜置1小時，味道會更溫潤好吃喔！

> ⊙ 日式咖哩和台灣偏甜偏水的咖哩不太一樣，日本人習慣煮濃稠一點，所以這裡的4碗水分量可依個人喜好調整。

1

2

3

3

3

4

吐司咖哩麵包 食パンでカレーパン

我想應該很多人都很喜歡日式咖哩麵包，酥脆的外皮一口咬下，真是無人能敵的美味啊！只是咖哩麵包做法繁複，從揉麵團開始就很花時間。這裡分享一個用吐司和隔餐剩下的咖哩就能做出好吃咖哩麵包的做法，簡單又省時，一起試試看吧。

食材 3人份

- 煮好的咖哩 適量
- 吐司 2 片

炸粉

- 蛋液 1 顆
- 麵包粉 適量

麵糊

- 麵粉 1 大匙
- 水 1 大匙

1 —— 吐司去邊備用，用擀麵棍或瓶子稍微壓薄。

2 —— 放入約 1 匙的咖哩，也可放入一些起司，然後在吐司的四個邊塗上麵糊。

3 —— 吐司對折，把咖哩整個包覆，用筷子將三邊開口處壓緊。

4 —— 吐司表面塗上蛋液，裹上麵包粉，用 180 度的油溫炸成金黃色即可。

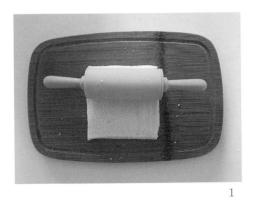

1

2

3

4

香草嫩煎雞肉 ササミのハーブ焼

很多人對雞胸肉的印象就是煮太久會變乾柴，是不容易烹調的食材。但跟雞腿肉比起來，我更喜歡吃雞胸肉，低脂和高蛋白質的雞胸肉只要加一點簡單調味，再用平底鍋煎過，就是瘦身時最好的食物，而且價格相對便宜，吃起來清爽沒負擔。

接著就要介紹用雞胸肉所做的香草嫩煎雞肉，保證讓你對雞胸肉大大改觀！

食材 2人份

• 雞胸肉 適量

調味料

• 義大利香料 適量
• 胡椒鹽 適量
• 米酒 少許

1 —— 每一片雞胸肉均勻抹上少許米酒、義大利香料和胡椒鹽,放入冰箱冷藏1小時讓雞肉入味。我習慣用市售的義大利香料,用其他香料也可以。

2 —— 開中小火,用平底鍋把雞肉兩面煎到呈現金黃色澤即可。

1

2

美乃滋香草雞肉炒飯　マヨネーズで香草ササミのチャーハン

這裡我要來分享日本很流行的美乃滋炒飯，不用放油，只要放一匙美乃滋，再加上事先做好的香草嫩煎雞肉，搭配幾個小祕訣，就能做出香草風味的鬆香黃金炒飯了。

食材　3人份

- 白飯　1碗
- 香草嫩煎雞肉　適量
- 蛋　1顆
- 美乃滋　1匙
- 蔥花　適量

調味料

- 胡椒鹽　適量
- 柴魚粉　適量

1 —— 準備一碗白飯放涼（用冷飯炒出來的飯比較好吃）。把蛋打散，淋在白飯上，用湯匙把蛋和飯拌勻，讓每一粒米飯都沾上蛋液。

2 —— 平底鍋熱鍋，放入1匙美乃滋和蔥花。美乃滋遇熱會融化，慢慢把蔥花炒香。

3 —— 倒入和蛋液拌勻的白飯，整個鋪平不用翻炒，用中火煎約1分鐘，表面呈現金黃色後再翻面煎（附著在飯表面上的蛋黃煎熟後再翻炒，較易做出乾鬆的炒飯）。

4 —— 飯的兩面都煎成金黃色後開始拌炒，稍微炒幾下會呈現粒粒分明的狀態，再放入切丁的香草雞胸和調味料，好吃的炒飯就完成了！

1

2

3

香草番茄雞肉豆腐湯 トマトと鶏肉の豆腐スープ

這道湯品除了番茄汁和雞胸肉,我還多加了豆腐,過程中沒有使用一滴油,是很有飽足感而且低卡的料理,很適合要控制體重的時候食用。此外,起鍋時加起司拌勻或搭配麵包也超好吃喔!

食材 3人份

- 香草嫩煎雞肉 適量
- 番茄 2顆
- 洋蔥丁 半碗
- 豆腐 半塊
- 可果美番茄汁 1瓶
- 水 1碗

調味料

- 鹽 適量
- 柴魚粉 適量
- 黑胡椒 少許

⊙ 這道湯品的口感較濃稠,如果喜歡清淡一點,可多加一些水。

1 ——— 番茄和洋蔥切丁,放鍋中炒至軟化,加入半碗水蓋上鍋蓋,用小火燉煮10分鐘。

2 ——— 倒入一瓶番茄汁,再加半碗水煮滾。

3 ——— 放入豆腐,蓋上鍋蓋用小火燜煮約10分鐘。

4 ——— 起鍋前放入香草嫩煎雞肉和調味料熱一下即可。

1

2

3

4

蒲燒風味秋刀魚 蒲燒秋刀魚

蒲燒秋刀魚是很經典的日式家常菜，但要燉到入味還挺花時間的。其實要做這道料理有一個懶人方法，完全不用開瓦斯，只要花 10 秒鐘把秋刀魚處理乾淨，就可以完成這道美味的蒲燒秋刀魚。

趕快來試試，就算是料理新手也可以輕鬆學會喔。

食材　2 人份

- 秋刀魚　2 條

調味料

- 醬油　1 大匙
- 味霖　1 大匙
- 米酒　0.5 大匙
- 紫蘇葉（可不加）2 片

1 _____ 把所有調味料放入碗中拌勻。

2 _____ 秋刀魚的內臟清除乾淨後切成兩段。

3 _____ 把秋刀魚和調味料放入容器中，也可加點紫蘇葉去腥提味，置冰箱冷藏最少 3 小時。

4 _____ 放進烤箱，用 200 度烤 20 分鐘即可。

2

3

4

⊙ 每台烤箱火力不太一樣，可自行調整時間，只要秋刀魚皮呈現酥脆狀就可以了。

⊙ 秋刀魚一次可多醃製幾條，入味後冰冷凍，要吃的時候再用烤箱烤熟，就是很方便的冰箱常備菜。

吻仔魚酥 あげシラス

說到吻仔魚，台灣人最熟悉的就是吻仔魚粥了吧！但自從結婚後回日本吃到生的吻仔魚和炸得酥脆的吻仔魚沙拉，真的令我大開眼界。

在這裡要跟大家分享的就是做法非常簡單的吻仔魚酥。只要微波三分鐘，就可以做出酥脆的吻仔魚，不管是配沙拉、涼拌豆腐或和義大利麵一起吃都非常好吃，口感很特別唷。

食材 2 人份

- 吻仔魚 （熟的生的皆可） 適量
- 油 蓋過吻仔魚的量即可

1 ____ 吻仔魚洗淨後用廚房紙巾擦乾水分。

2 ____ 把吻仔魚和油一起放入碗中，加蓋以 500W 微波 5 分鐘，熟的吻仔魚則微波 3 分鐘。

3 ____ 濾掉油，好吃的吻仔魚酥就完成了！

1

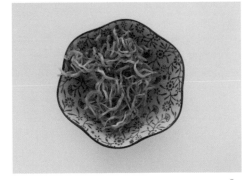

3

⊙ 炸完吻仔魚的油可拿來炒青菜或拌麵，幫料理增添香氣。

⊙ 沒有微波爐的話，用瓦斯爐油炸也可以。

吻仔魚茶泡飯 シラスのお茶漬け

茶泡飯是日本餐桌上很常出現的快速料理。在沒有食慾或宿醉時，吃個茶泡飯會感覺得比較有元氣，芥末的香氣讓人大腦瞬間清醒。

利用事先做好的吻仔魚酥，加上柴魚片和簡單調味，最後淋上熱騰騰的無糖日式綠茶，就是簡單又美味的茶泡飯。

食材 3人份

- 白飯 1碗
- 吻仔魚酥 適量
- 柴魚片 適量
- 醬油 1小匙
- 蔥花 少許
- 芥末 少許
- 日式無糖綠茶（市售瓶裝綠茶亦可） 適量

1 —— 白飯加上吻仔魚酥、柴魚片、蔥花，淋上少許醬油後拌勻。

2 —— 捏成三角飯糰的形狀。

3 —— 飯糰表面稍微煎成金黃色，這樣做出來的茶泡飯會更香。

4 —— 煎好的飯糰放入碗中，放上少許芥末，淋上加熱的無糖綠茶，再依個人口味加些鹽巴或柴魚粉調味，好吃的茶泡飯就完成了。

1

2

3

吻仔魚豆腐沙拉 シラスの豆腐サラダ

豆腐沙拉是我非常喜歡的一道冷盤。除了豆腐之外，放上自己喜歡的蔬菜和增添口感的吻仔魚酥，淋上酸甜醬汁，一個人就可以吃完一大盤。愛吃洋蔥的人可多放一些洋蔥末，更增添香氣和甜味。

食材 3 人份

- 嫩豆腐 1 塊
- 吻仔魚酥 適量
- 菠菜 適量
- 小番茄 適量
- 洋蔥末 適量

沙拉醬汁

- 柴魚醬油 1 大匙
- 味霖 1 大匙
- 檸檬汁 1 大匙

1 —— 把豆腐放入碗中，菠菜汆燙後擠乾水分切段，小番茄對半切，依序放入菠菜、小番茄、洋蔥丁。蔬菜可以依個人喜好更換。

2 —— 放上吻仔魚酥，食用前淋上沙拉醬汁即完成。

1

2

上菜不煩，一鍵到底美味上桌！

番茄奶油燉牛肉、馬鈴薯燉肉、海南雞飯……

耗時費工的工大菜，

善用電子鍋也可以輕鬆完成，

不用在瓦斯爐前攪到手痠、站到腳痠。

海南雞飯 *シンガポール　チキンライス*

懷孕時剛好遇到炎熱的夏天，讓我超級想念在北部工作時常去吃的海南雞飯。
為了一解相思之苦，我就自己做了海南雞飯。

沒有繁複的步驟，也不用開瓦斯，只要一只電子鍋，很快速就能做出這道簡單
清爽的料理。開胃的醬汁、軟嫩的雞肉，加上帶點油香的米飯，真是讓人一吃
就停不下來啊。

食材 3 人份

- 雞腿肉 2 片

醃雞腿調味料

- 鹽 少許
- 米酒 少許

醬汁材料

- 香油 2 大匙
- 蔥花 適量
- 薑末 適量
- 醬油 1 大匙
- 味霖 1 大匙
- 檸檬汁 1 大匙
- 柴魚粉 少許

1 —— 用鹽和米酒薄薄塗在去骨雞腿肉表面，放入冰箱冷藏約 2 小時。

2 —— 香油、蔥花（白色部分）和薑末混合，微波 3 分鐘至蔥花軟化，也可用瓦斯爐加熱炒軟。

3 —— 把洗好的米和醃製過的雞腿肉放進電子鍋內鍋，依序放入水、柴魚粉以及步驟 2 的蔥香油一半份量，按下煮飯鍵。

4 —— 飯煮好後，取出雞肉放涼，米飯拌勻。

5 —— 將醬油、檸檬汁、味霖和綠色蔥花放入剩下一半的蔥香油中拌勻。

6 —— 雞肉放涼後即可切片，鋪在米飯上淋上步驟 5 的醬汁，好吃的海南雞飯就完成了。

⊙ 如果家中有鹽麴，也可用來醃漬雞腿肉。自製鹽麴請參見 132 頁。

1

2

3

4

5

6

馬鈴薯燉肉 ホクホク北海道風肉じゃが

我的婆婆出生於北海道最北邊的稚內，長年冰天雪地下長大的她，做出來的料理總有一股特殊的北國風味。這道經典的日本家常菜「馬鈴薯燉肉」就是她的招牌料理。婆婆的北海道版本總是比外面的馬鈴薯燉肉更香醇而豐厚。

後來才知道，婆婆會多加幾個很有北海道風味的食材，讓這道料理變得出色。這三樣食材通常家裡冰箱都有，而且用電子鍋來煮不用顧火，只要把所有食材都丟進去，誰都可以輕鬆做出好吃又道地的馬鈴薯燉肉。吃不完還可以變身其他料理，省時又美味。

食材　3人份

- 馬鈴薯　3顆
- 牛絞肉或牛肉片
　約 100 克
- 洋蔥　1顆
- 紅蘿蔔　半條

調味料 1

- 醬油　4大匙
- 味霖　2大匙
- 糖　2大匙
- 酒　2大匙
- 柴魚粉　適量

調味料 2

- 味噌　1小匙（約 20 克）
- 起司　1小匙（約 20 克）
- 奶油　1小塊（約 20 克）

1 ——— 洋蔥、馬鈴薯、紅蘿蔔洗淨後去皮切塊。因為要放進電子鍋裡燉煮，食材可以稍微切大一點，比較不會散開。

2 ——— 把切好的食材和絞肉全放進平底鍋中鋪平，開小火用煎炒方式炒出香氣。一面約煎 3 分鐘，兩面上色後再翻炒，等洋蔥軟化後，全部移到電子鍋內鍋。

3 ——— 調味料 1 放在一個碗中拌勻，然後放入內鍋。

4 ——— 將關鍵食材的調味料 2 倒入內鍋，可讓馬鈴薯燉肉的風味變得非常濃郁。這三種食材也可任選兩種來加，同樣別具特色且非常好吃。

5 ——— 加少許水，微微蓋過食材即可。

6 ——— 把內鍋放入電子鍋，按下烹煮功能。

7 ——— 等煮好後，按個人口味加些柴魚粉調味，道地的北海道風味馬鈴薯燉肉就完成了！

1

2

3

4

5

6

電子鍋超便利料理 ‖‖‖‖ 103

馬鈴薯燉肉風味可樂餅 肉じゃが風のコロッケ

日本人很愛吃可樂餅，我們在家也常做這道菜。但是傳統的可樂餅做法比較麻煩，所以我都會利用馬鈴薯燉肉剩下的食材來製作好吃的可樂餅。只要把馬鈴薯弄碎，之後裹粉油炸，就可以吃到風味絕佳的可樂餅。

食材 3人份

- 馬鈴薯燉肉 適量
- 麵粉 1碗
- 蛋液 2顆
- 麵包粉 1碗

1 ＿＿＿ 濾掉馬鈴薯燉肉的湯汁，把料放在小鍋內。

2 ＿＿＿ 用湯匙搗碎馬鈴薯，如果太溼可加入麵粉拌勻。

3 ＿＿＿ 搗好的馬鈴薯泥捏成橢圓形，裹上麵粉、蛋液、麵包粉，放入180度油鍋炸成兩面金黃色即可。

⊙ 為了要做這道料理，我都會在煮馬鈴薯燉肉的時候多放一些馬鈴薯。炸好的可樂餅沾一些豬排醬就很好吃囉！

⊙ 吃不完的可樂餅可以冰冰箱冷藏，隔天早上用平底鍋煎熱，再用吐司包著一起吃，就有好吃的吐司可樂餅當早餐了！

3

親子蓋飯 親子丼

每次煮完馬鈴薯燉肉，總會剩下一些湯汁，這時候我就會拿來煮親子蓋飯。如果湯汁剩下不多，可再多加點醬油等調味料，蛋液分兩次放入，就可以做出軟嫩的親子蓋飯了。

食材 3 人份

- 去骨雞腿肉 1 片
- 洋蔥 1 顆
- 蛋 3 顆
- 馬鈴薯燉肉湯汁 1 碗

⊙ 如果不敢吃太生的蛋，蛋液煮到全熟也可以喔。

⊙ 如果馬鈴薯燉肉剩下的湯汁不夠，可以另外添加醬油、米酒、味霖來調整份量。

1 —— 把雞腿肉切塊，帶皮那一面朝下，用平底鍋稍微煎一下，這樣雞肉會更香。

2 —— 把雞蛋打散，備妥醬汁。

3 —— 放入醬汁和洋蔥後開大火，把醬汁煮滾、雞肉煮熟。

4 —— 蛋液分兩次放入。第一次倒入一半，周圍會慢慢凝固。

5 —— 再放入剩下的蛋液，蓋上鍋蓋馬上關火燜 10 秒鐘，蛋汁就會呈現綿密的口感。

6 —— 最後淋在白飯上，好吃的親子蓋飯就完成了！

1

3

5

番茄奶油燉牛肉 炊飯器でビーフシチュー

通常西式的燉牛肉都要花很多時間炒料和燉煮，才能煮出軟嫩入味的番茄牛肉。但這道番茄奶油燉牛肉，我是用番茄汁和電子鍋去燉煮，不僅節省了很多顧火的時間，番茄汁更是讓整個湯汁變得柔和而且美味，不管配飯或用沾麵包都很好吃，最重要的是，做法真的很簡單，一定要來試試！

食材 3 人份

- 牛肉 適量
- 番茄 2 顆
- 洋蔥 1 顆
- 番茄汁 2 罐
- 奶油 1 小塊
- 義大利香料 適量

1 ＿＿＿ 洋蔥和番茄切塊，不用放油，直接下鍋先將洋蔥和番茄炒軟。

2 ＿＿＿ 放入牛肉塊，炒至沒有血水為止。

3 ＿＿＿ 把食材移到電子鍋內鍋，倒入番茄汁。

4 ＿＿＿ 放入奶油和義大利香料，按下煮飯鍵，煮好後依個人口味加上少許糖和柴魚粉或雞粉調味即可。

1

2

3

⊙ 喜歡濃稠一點口感的可加入一些番茄醬一起燉煮，顏色會變得更鮮豔、湯汁也會更濃厚喔！

濃醇果醬 手作りジャム

先生說他來到台灣後，常常收到一大袋一大袋的水果和蔬菜，因此家裡總是有吃不完的水果，有時還差點放到壞掉。除了一直往肚子裡塞，我能想到的就是拿來做果醬。只是做果醬很麻煩，尤其孩子在身邊更是無法一直照顧爐火慢慢攪拌，於是我想到了煮飯的電子鍋。

電子鍋真是一個好幫手，不用顧爐火又能非常優雅地煮出入味的料理。其實，果醬也能用電子鍋來煮喔，只要把所有材料都丟進去，一個按鈕就會熬出果膠滿滿的果醬了。

食材 3人份

- 藍莓 1盒
- 檸檬汁 半顆
- 糖 半碗
- 水 適量

1 _____ 藍莓洗淨，加入糖和檸檬汁。

2 _____ 加入蓋過藍莓份量的水，接著按下電子鍋的烹調按鍵。

3 _____ 煮好後取出果醬放涼，放入冰箱冷藏，濃稠好吃的果醬就完成了。

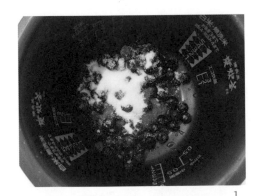

1

2

3

⊙ 由於每台電子鍋的火力都不同，可在烹調到一半時看一下果醬的狀況，如果水分快煮乾了，可再加一些水繼續煮。如果電子鍋的火力比較小，覺得不夠濃稠時，可取出放涼後再烹調第二次，這樣就能做出好吃的果醬了。

韓國蔘雞湯 サンゲタン

之前老公很常去韓國出差，每次總會帶一包蔘雞湯回來。但因為家裡沒庫存了，就想到自己或許可以動手做做看。

其實，只要在中藥房買蔘鬚和紅棗，再加一小塊白醬料理塊，湯就會變得非常濃郁，味道也變得柔順，即使是不喜歡人蔘味道的孩子也會連喝好幾碗呢！

食材 4 人份

- 全雞 1 隻
- 蔘鬚 1 把
- 紅棗 15 顆
- 蒜頭 10 顆
- 糯米 半杯

調味料

- 北海道白醬料理塊
  奶油口味 1/2 塊
- 酒 半碗
- 水 蓋過雞肉的量即可

1 _____ 把糯米洗過塞進雞的肚子裡面。

2 _____ 在雞肚子裡放入紅棗。

3 _____ 把雞腳塞進肚子，糯米就不會跑出來；或是用牙籤把肚子外面的皮封住。

4 _____ 把蒜頭、蔘鬚、紅棗和白醬料理塊一起放入電子鍋中烹煮，煮好後再用保溫燜 30 分鐘，最後按個人口味加鹽調味，好吃的蔘雞湯就完成囉。

⊙ 起鍋後可放入蔥花。雞肉可沾胡椒鹽一起吃，雞肚子中吸滿湯汁精華的糯米會變得很香甜。

⊙ 剩下的湯可與大白菜一起熬煮，非常好吃。

1

2

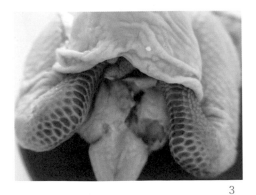

3

4

法式油封鴨 鴨のコンフィ

因為迷上了日劇中的三星級營養午餐，裡面的主廚所烹煮的法式油封鴨真是非常吸引人。看完後實在太想吃了，馬上上網查詢做法，沒想到做法其實很簡單，只是要用烤箱長時間低溫烹煮，非常花時間。

因此，我就想到用電子鍋來油封的懶人方法，不用一直開火，很省能源，最重要的是，絕對不會失敗。一起來試試，你也可以在家裡享用法式料理喔。

食材 3人份

- 鴨腿或鴨胸 2塊
- 橄欖油 約2碗
- 粗鹽或海鹽 適量
- 大蒜 約2顆

⊙ 可用雞腿代替鴨肉。

⊙ 可以一次油封好幾塊鴨肉，冰冰箱冷藏或冷凍，要吃的時候再取出加熱至表皮金黃色即可。

1 ＿＿＿ 鴨胸或鴨腿兩面撒上薄薄一層粗鹽。

2 ＿＿＿ 放入密封袋冷藏 36~48 小時。

3 ＿＿＿ 從冰箱取出鴨肉，擦乾表面，放入電子鍋內鍋，倒入橄欖油蓋過鴨肉，放入蒜頭，如果有香草如迷迭香或巴西里等也可以放入。

4 ＿＿＿ 蓋上鍋蓋按下保溫鍵，10 小時後取出鴨肉放涼，再放入密封袋冷藏約 3 小時，這樣鴨肉會比較緊實好吃。

5 ＿＿＿ 要吃的時候用鍋子把鴨肉表皮煎酥脆，好吃的油封鴨就完成了。

1

2

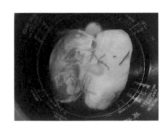

3

4

5

幸福手作好滋味

安心食材自己也 hen 會！

自製味噌、鹽麴、納豆、叉燒肉

食材製作自己來，

無添加、簡便步驟，

大人小孩吃了都安心。

納豆 納豆

最能代表日本的健康食物除了味噌之外，我想就是納豆了。

在日本婆家，每天的早餐都會有納豆，即使在台灣生活的我們，因為兒子喜歡吃，納豆也常出現在餐桌上。但新鮮的納豆保存期限很短，台灣能買到的大多是冷凍的，而且價格是日本的三倍，因此，我決定自己動手做，而且新鮮的納豆和冷凍的口感大不相同，搭配白飯簡直是無敵美味。

食材

- 黃豆 300 克
- 鹽 10 克
- 水 黃豆的 2 倍量

納豆菌培養材料

- 市售納豆 1 盒
- 黑糖 少許
- 水 少許

調味料

- 柴魚醬油 適量
- 黃芥末 適量

> ⊙ 黃豆盡量選小顆的，比較容易成功。

1 ＿＿＿ 黃豆泡水一天，入電子鍋，加鹽和黃豆 2 倍的水量煮熟。用快鍋也可以，煮到手指能捏碎即可。

2 ＿＿＿ 開始培養納豆菌。完全退冰的納豆放入碗內，只要放入少許黑糖和水拌勻，放室溫 1 小時，納豆菌就會增加。

3 ＿＿＿ 培養好的納豆放在煮好的黃豆上拌勻。黃豆剛煮好、還熱的時候最好拌，可在煮黃豆時就開始培養納豆菌。黃豆煮好把水瀝乾後，馬上放入納豆攪拌。

4 ＿＿＿ 電子鍋內鍋放少許水，把和納豆拌勻的黃豆放在電子鍋上方。

5 ＿＿＿ 黃豆上蓋一層溼布，按下保溫鍵。電子鍋上蓋不用蓋喔。20 個小時後，好吃的納豆就完成了。

6 ＿＿＿ 做好的納豆要再放冰箱一天，納豆菌會更穩定，菌絲會更明顯。

7 ＿＿＿ 吃的時候可加一些柴魚醬油和黃芥末，用筷子攪拌均勻，也可加入切一些蔥花，非常好吃喔。

1

2

3

4

5

7

歐風麵包 ヨッローパ風田舎パン

一直覺得烘焙不易入門,發酵更是一門很大的學問,感覺上要揉到要死不活才能做出好吃的麵包。但自從我在日本節目上看到麵包師傅的少揉免油麵包做法後,在好奇心的驅使下,試做了人生第一次的麵包,沒想到非常成功,也開啟了我的烘焙大門。

這裡分享的麵包做法是我實際做了一兩年後,覺得步驟最少也最簡單的低溫發酵法。只要把所有材料拌勻揉成型,放入冰箱隔天再拿出來塑型,烤出來就是好吃又綿密的歐風麵包,很適合對烘焙有興趣卻不曉得如何入門的人。

材料 3 人份

- 高筋麵粉 300 克
- 鮮奶 210c.c.
- 糖 3 克
- 鹽 2 克
- 速發酵母 3 克

⊙ 鮮奶可用水代替，但建議滴幾滴橄欖油或奶油，麵包口感會比較鬆軟。

⊙ 速發酵母不用泡水，直接加入材料中混合即可。

⊙ 烤好的麵包可以冰在冰箱，要吃時再噴一些水，微波 1 分鐘後就會恢復剛出爐的口感。

1 —— 所有材料放在容器中用湯匙或叉子拌勻。

2 —— 拌勻後用手稍微整壓一下，約揉 10 次讓麵團成型即可。

3 —— 揉好成型的麵團放入塑膠袋，盡量把空氣擠出打結，放入冰箱冷藏。約 8~10 小時後，第一次發酵完成。

4 —— 從冰箱取出來的麵團明顯變大很多，這時讓麵團在室溫下回溫，夏天約 30 分鐘，冬天約 1 小時。

5 —— 取出回溫後的麵團，此時麵團表面變得光滑。

6 —— 麵團分成 8~10 等分。

7 —— 揉成圓球後放在烘焙紙上，可調整為自己喜歡的形狀。放在室溫下做第二次發酵，夏天約 30 分鐘後會變成 2 倍大，冬天則較長。

8 —— 烤箱預熱至 200 度，依序在麵包上噴水、撒少許麵粉再用刀子切出條紋。

9 —— 把麵包送入烤箱，用 200 度烤 20 分鐘，好吃的麵包就完成了。

1

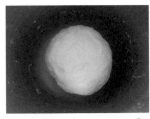

2

3

4

7

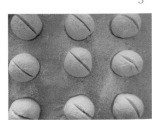

8

自製培根 自家製ベーコン

培根應該是很多人喜愛的食物，我們家的餐桌也常看到它的身影。只是市售的培根大多有添加物，所以日本有很多媽媽都自己做。

自己做的培根別有風味，是吃過一次就回不去的那種純粹，味道和市售的完全不同。使用的材料很簡單，只要準備一塊五花肉、三種超市都買得到的調味料，就可以特製美味的培根喔！

食材 3 人份

- 五花肉 1 塊

調味料

- 粗鹽 適量
- 香蒜黑胡椒 適量
- 義大利香料 適量
- 紅酒 約 100c.c.
- 茶葉 適量
- 黑糖 適量

> ⊙ 因為沒有放防腐劑,做好後盡量在一週內吃完。
>
> ⊙ 放紅酒的色澤會比較漂亮,如果沒有紅酒,也可以用白酒或米酒取代。

1 _____ 準備一塊約 2 公斤五花肉,在肉上面用叉子戳洞比較好入味。

2 _____ 在肉的兩面均勻撒上薄薄一層鹽、香蒜黑胡椒和義大利香料。如果自己種了香草,也可放入新鮮香草醃製。

3 _____ 把肉放入密封袋,倒入紅酒。依據肉的大小放入冰箱冷藏 3~7 天,每天把肉連同袋子一起翻面一次,讓肉可以平均醃製。

4 _____ 準備一個大鍋子,將鋁箔紙整個包覆在鍋內,鋁箔紙上放茶葉和黑糖,茶葉(一般紅茶或綠茶即可)和黑糖的比例為 1:1,鋪滿鍋子底部。

5 _____ 在茶葉和黑糖上蓋一小片鋁箔紙,再放上不鏽鋼蒸架。把肉從冰箱拿出來,放在不鏽鋼蒸架上。

6 _____ 蓋上鍋蓋把火力開到最大,煙冒出來再調整為最小火。一面煙燻 30 分鐘上色後翻面,再燻 30 分鐘,上色便可關火。冷卻後再冷藏一天。

7 _____ 冰過一天的培根裡面呈現會漂亮的粉紅色,由於還有一點生,不建議直接吃。吃的時候切成一片片,用平底鍋煎熟即可。

1

2

3

4

5

7

免煙燻的煙燻風味鮭魚　自家製スモーク サーモン

有時候常會想，如果我是住在便利的大城市裡，是否就不會有那麼多手作的機會了？屏東和台北、東京相比，的確不是那麼便利的地方，但這個農牧漁業都很發達的城市卻給了我滿滿的靈感。像這道煙燻鮭魚就是。

住在屏東最幸運的就是能品嘗到東港新鮮便宜的生魚片，花少少錢就讓我和先生吃超飽還剩一堆，而沒吃完的除了做成蓋飯，我最常做的就是煙燻鮭魚。

雖說是煙燻鮭魚，但為了節省時間，我會採用一種不煙燻的料理方式，簡單又省事，最重要的是，做出來的鮭魚好吃到我們可以配好幾瓶啤酒呢！

食材 3人份

* 生魚片等級鮭魚 1塊

調味料

* 粗鹽（醃製效果較好）
  適量
* 香蒜黑胡椒 適量
* 義大利香料 適量
* 紅茶包 2包
* 黑糖 少許

⊙ 因為鮭魚沒有經過煙燻這道程序，所以沒辦法久放，我通常冷藏3天內就會吃光。不建議冷凍，解凍後的魚肉較不好吃。

1 ＿＿＿ 準備生魚片等級的鮭魚，不要切片。

2 ＿＿＿ 把粗鹽、香蒜黑胡椒和義大利香料均勻抹在鮭魚兩面。

3 ＿＿＿ 取出紅茶包裡的茶葉，和黑糖放碗中拌勻，黑糖的量為茶葉的一半即可。用700W微波1分鐘。如果沒有微波爐，可用平底鍋把紅茶和黑糖稍微炒出香氣。

4 ＿＿＿ 聞到濃濃的煙燻香氣後，把微波後的茶葉和糖均勻抹在鮭魚兩面，再用廚房紙巾把鮭魚包緊。

5 ＿＿＿ 用密封袋裝起來，放冰箱冷藏24小時。

6 ＿＿＿ 從冰箱取出，直接切片就可以吃了，除了煙燻之外，還多了紅茶的香氣，十分解膩。也可以沖掉茶葉，但吃的時候用紙巾吸乾魚肉上的水分。加點橄欖油和羅勒也超棒！

1

2

3

4

5

6

手工日本拉麵麵條 生麵

我常覺得，在日本要吃一碗拉麵就和喝水一樣簡單。除了拉麵店多到數不清，超市裡就有賣各種拉麵湯底及麵條，甚至連叉燒或筍乾等配料都有現成的，真是無敵方便。但對我們這些派駐海外的日本家庭來說，除了去連鎖拉麵店，想在家自己煮，麵條就是一個難題。也難怪在海外的日本人若想吃拉麵一解鄉愁，就乾脆自己動手做。

這裡要分享一個不用加鹼水、只用小蘇打粉就能做出道地日式拉麵麵條的做法，口感和味道就跟拉麵店一模一樣，既方便又好吃。

食材

- 中筋麵粉 300 克
- 水 100~120c.c.
- 食品級小蘇打粉 3 克
- 鹽 3 克

⊙ 厚一點的麵條約煮 1 分鐘即可，煮出來的麵條很有咬勁。

⊙ 我用的是一般家用手動製麵機，有壓麵和切麵功能。如果沒有製麵機，也可用擀麵棍反覆把麵皮擀薄，再用菜刀切麵即可。

⊙ 做好的拉麵可以放冷凍，要吃時不用退冰直接下鍋煮，冷凍狀態下約可保存 1 個月。

1 _____ 把水加熱到約 45 度，也就是溫溫的不燙手的程度，倒入小蘇打和鹽溶解。小蘇打遇溫水起泡是正常現象。

2 _____ 小蘇打水倒入麵粉中，用湯匙攪拌麵粉和小蘇打水，麵團會呈現一片片的形狀。

3 _____ 用手把麵團揉成型。做麵條的麵團水分較少且不用揉到表面光滑，這樣做出來的麵條較有口感。

4 _____ 蓋上布，放著醒麵團約 20 分鐘。

5 _____ 醒完的麵團會變得較柔軟，再用手稍微揉一下。接著切成四等分。

6 _____ 用製麵機最寬的刻度來壓麵，先把麵團壓成片狀，再縮小刻度把麵皮壓薄。適合做麵條的厚度約 3 或 4（數字愈小麵條愈厚），可依個人喜好調整。

7 _____ 用製麵機的切麵刀把麵片切成麵條，好吃的日式拉麵麵條就完成囉（圖為厚度 4 的麵條）。

1

2

3

5

6

7

日式叉燒肉 チャーシュー

應該很少人拒絕得了日本拉麵裡叉燒肉的美味吧？雖然很好吃，但叉燒的做法其實很繁複，這是專業職人的技術，一般家庭很少自己做來吃。只不過我們家很常吃拉麵或冷麵，如果沒有叉燒，感覺上少了些什麼。

接著就來分享我自己在家常用的超簡單日式叉燒做法，只要用超市賣的火鍋肉片，就可以在短時間內做出美味又漂亮的日式叉燒喔。

食材 3人份

- 火鍋肉片 1盒

滷汁

- 醬油 60c.c.
- 味霖 60c.c.
- 米酒 60c.c.
- 水 適量

1 —— 火鍋肉片鋪平,往上捲起來。

2 —— 鋪平第二片火鍋肉,把剛才捲好的第一片肉放上去,繼續往上捲。

3 —— 持續捲肉的動作,把肉捲到一定的厚度。通常我一次捲完一盒肉,約15片肉,這樣的厚度剛好。

4 —— 用綁肉粽的棉繩把肉上下兩邊都綁緊,用棉線綁過的叉燒吃起來口感較緊實,形狀也較漂亮。

5 —— 放入滷汁中滷20分鐘後,再燜半小時。

6 —— 取出放涼後解開棉線,就可以切來吃了。通常我還會再用鍋子把叉燒表面煎一下,上色之外也多了焦香味。

1

2

3

4

5

6

日式美乃滋 マヨネーズ

我以前很討厭吃美乃滋，因為口感十分甜膩，但在接觸了日本的美乃滋後，簡直驚為天人，這才知道，原來日本的美乃滋是用少許鹽巴來調味，不像台灣的美乃滋大多會加糖，這讓我從此對美乃滋大大改觀，也因此生起了自己做美乃滋的念頭。

如果你也不愛吃甜的，一定要試試日式美乃滋，只要用手持調理機的攪拌棒，不用三分鐘就可以完成，也因為不甜，可以廣泛運用在各式各樣的料理中。

食材 2人份

- 雞蛋 1顆
- 橄欖油或沙拉油 200c.c.
- 鹽 1小匙
- 醋或檸檬汁 1小匙
- 芥子醬或黃芥末醬 1小匙

1 —— 雞蛋、鹽、醋及芥子醬放入攪拌杯中。

2 —— 倒入油,份量約蛋的 4~5 倍。

3 —— 攪拌棒放入杯中最底部,以低速攪拌,幾秒鐘就可看到明顯乳化。

4 —— 攪拌棒慢慢往上提,等全部乳化,日式美乃滋就完成了。再放入冰箱,冷藏後會更凝固。

1

2

3

4

手工味噌 手作り味噌

先生剛派駐台灣時，每次回日本總會帶兩大盒味噌回來。我覺得很奇怪，台灣不是也有味噌，為什麼要特別從日本帶呢？直到自己下廚，用他帶回來的味噌煮了味噌湯之後，瞬間明白箇中原因。日本的味噌不論香氣或味道，和台灣的完全不一樣，讓我吃了一次就回不去了。

於是我開始上網找手工味噌的做法，發現意外的簡單，而且材料台灣都有。這裡分享的是我改良後的做法，試試看，你也會愛上自製手工味噌的圓潤味道。

食材

- 黃豆 1000 克
- 米麴 1000 克
- 鹽 400 克
- 煮大豆的水 適量

⊙ 我們家幾乎每天都喝味噌湯，因此一次會釀多一些。一般台灣家庭建議量為一半就好，這部分可自行調整。

⊙ 在鹽巴方面，我都是用日本鹽或台灣的粗鹽，比較不會死鹹。

1 ——— 黃豆用冷水泡一個晚上，煮到可以用手指捏開的程度後撈起放涼。

2 ——— 用果汁機或調理機打碎呈泥狀，打的時候可加一些煮豆的水會較好絞碎。打好的黃豆泥放在有蓋的大盒中。

3 ——— 將米麴和鹽巴撒在黃豆泥上，用湯匙或手均勻混合這三種材料，最後用湯匙整平。

4 ——— 撒一層薄薄的鹽巴，不要讓味噌接觸到空氣。

5 ——— 用兩層保鮮膜平鋪在味噌上，再用兩層保鮮膜把盒子封起來。

6 ——— 蓋上盒子外蓋，寫上日期，放陰涼處靜置 3 個月後就完成道地的手工味噌。通常 3 個月後我會把味噌放進冰箱冷藏，經過低溫發酵後的味噌更具風味。

1

2

3

4

5

鹽麴 塩麴

鹽麴是日本風行已久的調味聖品，成分只有鹽、米麴和水三種，發酵後會變成
具有特殊風味的天然調味料。它的用途很廣泛，無論是簡單的炒青菜或醃肉、
烤魚，只要加一些鹽麴，就能引出食材的天然風味。

在台灣也能自己做鹽麴，發酵時間只需要短短十天，風味非常特殊，就算是料
理新手也能利用它變出各種不同的料理。

食材　3人份

- 米麴　200 克
- 鹽　70 克
- 水　300c.c.

⊙ 鹽麴本身就有特殊的鹽
甜味，炒菜或醃肉不用多
加其他調味料就很好吃。

1 ——— 所有材料放在乾淨的盒子中，用湯匙拌勻。

2 ——— 蓋上蓋子，放在陰涼處 2 週，前 3 天每天都要
攪拌一次。

3 ——— 2 週後，發酵好的鹽麴表面會有一層白膜，這是
正常現象，因為麴菌為產膜酵母，在室溫發酵
時，表面會凝結成白膜，可以撈起來也可以攪拌
進去。

4 ——— 發酵好的鹽麴放入冰箱冷藏，冰過的鹽麴味道會
更穩定。日本人常用鹽麴醃漬小黃瓜，只要把黃
瓜泡入鹽麴中，1 小時後就可以吃了。或者也可
鋪在鮭魚上面，靜置半小時後再把魚肉烤熟。

1

2

3

4

4

鮮綠毛豆抹醬 枝豆ジャム

屏東有非常多毛豆田,由於所栽種的毛豆都出口至日本,不管是農藥使用方法或毛豆大小規格都是按照日本的標準種植。只要到了毛豆採收季節,農家會開放讓附近居民撿拾機器採收不到的毛豆,形成一種都市看不到的農作畫面。

也因為毛豆營養價值高,很多日本主婦會把毛豆磨碎,弄成麵包抹醬或毛豆泥給老人們吃;嬰兒副食品中也常出現毛豆泥。

毛豆泥的顏色就和抹茶果醬一樣吸引人。很多超市都有販賣冷凍的水煮毛豆,大家可以買回家做做看這道顏色誘人的毛豆抹醬喔!

食材 3人份

• 去殼毛豆 半碗

調味料

• 牛奶 1/4 碗
• 日式美乃滋 2 大匙
  (做法請參見 128 頁)
• 胡椒鹽 少許
• 柴魚粉 少許

1 —— 冷凍毛豆退冰去殼後，和調味料放入調理機中。

2 —— 用低速慢慢打成碎泥即可，若喜歡顆粒感，可以不用打太碎喔！

1

2

⊙ 做好的毛豆泥最好趕快吃完，冷藏不要超過3天。

毛豆蔬菜豆腐球 豆腐と枝豆の揚げ物

在我認識的日本人中，沒有一個不愛吃毛豆。尤其是公公，家中只要有水煮的毛豆，他就可以邊吃邊喝掉好幾瓶啤酒。而婆婆就會把沒吃完的毛豆加入豆腐和一些蔬菜，做成簡單的炸物，瞬間變成一道好吃的料理。

「毛豆蔬菜豆腐球」很適合帶便當或野餐喔，好吃又方便。

食材 3 人份

- 板豆腐 1塊
- 毛豆 適量
- 番茄 適量
- 洋蔥 適量

調味料

- 胡椒鹽 少許
- 柴魚粉 少許
- 太白粉 1匙

1 _____ 毛豆去殼。洋蔥和番茄切末。

2 _____ 板豆腐用重物壓以去除水分。

3 _____ 將 1 的蔬菜和豆腐弄碎，放入調味料拌勻。

4 _____ 把豆腐泥捏成小球，準備入鍋油炸。

5 _____ 油鍋溫度不用太高，用中小火約 160 度炸成金黃色即可。

1

2

3

4

5

⊙ 各種蔬菜都可嘗試，依自己喜好調整。

⊙ 如果豆腐的水分太多，可多加一些太白粉。

毛豆牛蒡雞肉丸 枝豆の野菜塩つくね

雞肉丸是日本常見的料理，不管是乾煎或煮火鍋、紅燒都少不了它。由於是用雞胸肉做的，不僅熱量低，若再加上毛豆和牛蒡等蔬菜一起製作，口感很像麥克雞塊，小孩子特別愛吃。

食材 3 人份

- 雞胸肉 約 1 碗
- 牛蒡 1/2 碗
- 紅蘿蔔 1/4 碗
- 毛豆 1/4 碗
- 洋蔥 1/4 碗
- 蛋白 1 顆

調味料

- 胡椒鹽 1 小匙
- 香油 1 小匙
- 柴魚粉 1 小匙
- 太白粉 1 匙

1 —— 牛蒡切絲，泡水加幾滴白醋去澀約 30 分鐘。

2 —— 洋蔥、紅蘿蔔、雞胸肉切丁，和去澀味後的牛蒡、毛豆、蛋白及調味料一起放入調理機打成泥狀，如果天氣太熱，可放入一顆冰塊一起打。

3 —— 用手把雞肉泥整成圓球狀，用平底鍋煎熟即可。

1

2

3

⊙ 雞肉丸可以一次多做幾顆冰冷凍，吃火鍋或煮麵放幾顆下去都很好吃又方便。

照燒和風雞肉丸 鶏つくねの照り焼き

照燒和風雞肉丸可說是日式燒烤店必備菜單，擁有超高人氣。這道料理的做法很簡單，只要把做好的雞肉丸拿出來解凍，再用平底鍋加上照燒醬汁燉煮入味，就是可以媲美日式燒烤店的美味了。

主食材 3人份

• 毛豆牛蒡雞肉丸 6~8 顆

調味料

• 醬油 1 大匙
• 味霖 1 大匙
• 酒 1 大匙
• 糖 半匙

1 —— 雞肉丸解凍後，用平底鍋熱一下。

2 —— 加入調味料，用小火煮到醬汁收乾。記得要翻面，讓雞肉丸兩面都煮到醬汁入味。

3 —— 日本燒烤店會用雞肉丸沾蛋黃吃，如果不敢吃生蛋黃，可撒些七味粉增加風味。

1

2

満足味蕾創意小料理

獨門食材搭配激出美味小火花！

剩飯仙貝、豆腐甜甜圈、坦督里風味烤雞……
意想不到的食材搭配，
竟能迸發出獨特美味，
一起來試試小希的創意無限料理！

用剩飯做米仙貝 余ったご飯で手作り簡単せんべい

沒什麼食慾又想喝點小酒時，通常我會利用剩飯做成仙貝來配酒，孩子也跟著
我們一起吃得很開心。

炸得酥脆的米仙貝有著台灣傳統零食爆米香的香氣，除了直接吃之外，我們煮
火鍋的時候也會放幾塊進湯裡一起煮，吸滿高湯的仙貝吃起來別有風味。

這樣特別的口感不管大人或小孩都會很喜歡。想讓孩子吃健康的零食，仙貝是
非常棒的選擇喔。

食材 3 人份

• 白飯 1.5 碗

調味料

• 鹽 少許

1 ——— 把白飯加少許鹽用手抓過，把米飯的黏性抓出來。手可沾些水，米飯比較不會黏手。

2 ——— 取出適量的米飯壓成喜歡的厚度。我喜歡吃厚一點，煮火鍋時才能吸附更多湯汁。

3 ——— 炸仙貝的油溫要比較高，讓油加熱稍微冒出白煙後，丟下米飯炸到金黃色、油泡變少即可。

1

2

3

⊙ 煮火鍋時可以放進一些仙貝一起煮，米飯的香氣和火鍋的高湯真是絕配。

豆腐波堤甜甜圈 豆腐ドナーツ

「豆腐波堤甜甜圈」是我每次帶孩子回日本時，婆婆都會做給他吃的點心。
材料很單純，只用板豆腐和鬆餅粉，我還會再多加一些木薯粉來增加口感，就
可以做出和名店一樣 Q 彈的甜甜圈，就算冷掉也一樣很好吃。做法雖簡單，
口味可不同凡響喔。

食材 3 人份

• 鬆餅粉 300 克
• 板豆腐 1 塊
• 木薯粉 約 100 克

> ⊙ 用板豆腐做出來的甜
> 甜圈，口感會比用嫩豆
> 腐來得扎實好吃。

1 ＿＿＿ 所有食材放入大容器中，用手把豆腐和鬆餅粉抓碎拌勻。由於每塊豆腐的大小不一，可依溼潤度加一些木薯粉調整。

2 ＿＿＿ 拌勻的麵團放入袋子包好，放冷藏庫約 1 小時後會更好操作。

3 ＿＿＿ 取出一小塊麵團揉圓，用湯匙底部挖出一個洞，順時鐘晃動湯匙，中間的洞會變大。

4 ＿＿＿ 放入 180 度油鍋，把甜甜圈炸成金黃色即可。

1

2

3

4

豆腐麥克雞塊 豆腐 チキンナゲット

我想應該很少有人能夠抗拒麥克雞塊的誘惑吧？婚前去知名的速食店，常和朋友買一個分享餐，兩、三個人吃，很快就吃光光。

每次回日本時，婆婆也會做麥克雞塊給孩子吃，孩子總是吃得不亦樂乎。她的麥克雞塊裡加了豆腐，吃起來非常清爽，最重要的是，做法超簡單。如果你也愛吃麥克雞塊，一定要試這道美味的食譜。

食材 3 人份

- 雞胸肉 適量
- 板豆腐 半塊
- 木薯粉 1 大匙

調味料

- 橄欖油 1 大匙
- 鹽 1 小匙
- 黑胡椒 1 小匙
- 米酒 1 小匙
- 柴魚粉 1 小匙

1 _____ 雞胸肉切小塊,和豆腐、木薯粉及所有調味料放入食物調理機中打碎。

2 _____ 打好的雞肉泥放入冰箱冷藏 1 小時。

3 _____ 取出適量的肉泥捏成麥克雞塊的形狀,雙手沾些水會比較好塑形。

4 _____ 用 180 度油溫把雞塊炸成金黃色即可。

⊙ 豆腐放愈多,雞塊口感就會偏軟,所以可視自己喜好的軟硬度增加雞胸肉或豆腐的比例。

1

2

3

4

紐奧良風味烤雞翅 チキンのニューオリンズ風焼

我和先生很喜歡在假日晚上趁孩子入睡後小酌,也因此我學會了很多簡單的下酒菜。美味小菜搭配啤酒一起享用,真的會有慰勞一整週辛勞的療癒感。

這道紐奧良風味烤雞翅就是我常做的下酒小菜。只要用兩種調味料醃漬,再用烤箱烤熟,就是充滿濃濃異國風味的美食了。

食材 3 人份

- 雞翅膀 6 隻

調味料

- 番茄醬 3 大匙
- 黃芥子醬 1 匙

1 ——— 雞翅膀洗淨，用廚房紙巾擦乾表面水分，這樣會比較好入味。

2 ——— 拌勻調味料，均勻塗抹在每隻翅膀上，放冷藏庫冰 1 小時讓雞翅入味。

3 ——— 用烤箱 200 度烤 25 分鐘，雞翅表皮呈現金黃色澤時就可以上桌。

1

2

3

⊙ 要吃的時候可以擠一些檸檬，風味更佳。

⊙ 黃芥子醬可於超市購買，或用黃芥末醬也很好吃。

坦督里風味烤雞 タンドリーチキン

在台北工作的時候,我下了班會去學印度舞蹈。也因為這樣的關係,偶爾會去
印度料理店吃飯,而最讓我印象最深刻的印度料理,就是坦督里烤雞了。
外皮烤到酥脆的烤雞有著濃濃的辛香料和優格的風味,這就是印度的獨特香料
美食啊。現在在家裡,我偶爾也會做來解解饞,用咖哩塊和白醬料理塊就可以
做出好吃的坦督里風味烤雞,真是非常的簡單又好吃呢。

食材 3人份

- 雞翅腿 8隻

醃雞腿調味料

- 好侍爪哇咖哩 1小盒
- 好侍北海道白醬料理塊
  奶油口味 1小盒
- 水 1碗

1 _____ 雞翅腿洗淨、表面水分擦乾，放入盒子中。

2 _____ 把一小盒的爪哇咖哩塊和白醬料理塊放入大碗，加入一碗水，用700W微波3分鐘讓料理塊融化，也可直接加入熱水讓料理塊慢慢融化。

3 _____ 融化的料理塊用湯匙拌勻後放涼。

4 _____ 醬料均勻淋在雞翅腿上，放入冰箱冷藏3小時。

5 _____ 雞翅腿放在烘焙紙上，用烤箱230度烤25~30分鐘，表面呈現金黃色即可。

1

2

3

4

5

奶油味噌拉麵 バター味噌ラーメン

每當我很想念在北海道吃到的奶油味噌拉麵時，我就會用白醬料理塊自己做來吃。這種白醬料理塊在日本很盛行，也因為運用範圍很廣，非常受到主婦的歡迎。而除了煮玉米濃湯之外，用來做拉麵的湯頭也非常濃郁喔。如果你也喜歡吃拉麵，來試試這道簡單的懶人料理吧。

食材 3 人份

- 洋蔥肉燥 1 碗
  （做法請參見 74 頁）
- 好侍北海道白醬料理塊
  奶油玉米口味 2 小塊
- 日式拉麵 2 球

調味料

- 味噌 1 大匙
- 醬油 1 大匙
- 味霖 1 大匙

1 _____ 把洋蔥肉燥加上醬油和味霖炒香。

2 _____ 放入 4 碗水和白醬料理塊。

3 _____ 放入味噌。白醬料理塊和味噌都融化後試試味道，可再加些柴魚粉做最後調味。

4 _____ 把湯淋在煮好的麵條上，就是一碗美味的奶油味噌拉麵。

1

2

3

4

英式炸魚柳條 イギリス風の魚フライ

我曾在電視上看到英國廚神高登做了一道英式炸魚柳條,心血來潮在隔天馬上試做,沒想到非常成功。雖然廚神推薦用鱈魚條來做這道菜,但我發現,其實用台灣常見的鯛魚片切成長條,也一樣可以做出好吃的炸魚條。想知道英式炸魚是什麼風味嗎?跟著後面的食譜一起來做做看。

食材 3 人份

• 鯛魚片 2 大片

麵糊

• 麵粉 適量
• 蛋 1 顆
• 啤酒 1 罐

炸粉

• 麵粉 適量
• 鹽 少許
• 黑胡椒 適量

沾醬

• 美乃滋 適量
• 黃芥末或芥子醬 適量
• 檸檬 半顆

1 ——— 先做麵糊。麵粉、蛋、啤酒用打蛋器打勻,呈現如照片中的濃度,麵粉和啤酒的比例約為 1:0.8。把麵糊放冰箱冷藏一晚,這樣炸出來的魚條會更酥脆。

2 ——— 鯛魚片切成等長的條狀,用廚房紙巾擦乾水分,在魚肉表面撒上少許鹽巴。

3 ——— 準備炸粉。把麵粉和黑胡椒、少許鹽巴混合,若有其他乾燥香草也可放入。

4 ——— 魚肉條均勻地裹上炸粉。

5 ——— 沾完粉的魚肉放入冷藏一夜的麵糊中,讓魚肉均勻裹滿麵糊。

6 ——— 油鍋熱到 180 度,把魚條炸成金黃色即可。起鍋後立刻撒些鹽巴,要吃的時候再擠些檸檬汁沾黃芥末沾醬,就是超好吃的英式炸魚條。

⊙ 把麵糊冰一個晚上,讓麵糊和啤酒慢慢熟成是酥脆的祕訣,這部分不可以省略喔。

1

2

3

4

5

6

四川水煮魚 究極の四川料理「水煮魚」

自從和日本人結婚後，我變得常常很想吃麻辣鍋。我遇過很多日本人都不擅長吃辣，加上有了孩子，和美味的麻辣鍋幾乎成了絕緣體。

因為太喜歡麻辣鍋的豆腐美味，加上先生同事的太太是四川人，曾品嘗過她做的水煮魚，真是讓我大吃一驚。雖然辣到我一直冒汗，但那個味道一直令我無法忘懷。回台灣後，我用超市就能買到的醬料如法炮製這道料理。真心覺得台灣的超市很方便，有好多美味的醬料，讓忙碌的媽媽們在家就能變化出許多不一樣的菜色。

食材 4人份

• 台灣鯛魚 1 片

調味料

• 漢方麻辣醬 2 匙
• 麻辣鍋醬 2 匙
• 醬油 2 匙
• 米酒 2 匙
• 水 50c.c.

爆香材料

• 香油 1 大匙
• 乾香菇 5 朵
• 蔥薑蒜 適量
• 蝦米 適量
• 小魚乾 適量

1 ＿＿＿ 把泡軟的香菇、小魚乾、蝦米和蔥薑蒜一起切末，份量都是 1：1。這些材料也可多準備一些，一次炒起來之後要拌麵或炒菜都很香。

2 ＿＿＿ 切好的材料和香油一起炒香，這道菜的香氣來源就完成一大半。

3 ＿＿＿ 鯛魚切片後撒少許鹽巴和太白粉或番薯粉抓勻。

4 ＿＿＿ 把魚片均勻地鋪在平底鍋上。

5 ＿＿＿ 把漢方麻辣醬、麻辣鍋醬、醬油和米酒以 1：1 的比例和 50c.c. 的水拌勻。

6 ＿＿＿ 剛才步驟 2 的爆香材料挖 2 匙放在魚片上，淋上步驟 5 調好的醬。

7 ＿＿＿ 醬汁煮滾後馬上關火，蓋上鍋蓋燜熟魚片。起鍋前撒上香菜和蔥花，就是好吃的水煮魚了。

1

2

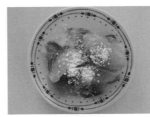

3

5

6

7

滿足味蕾創意小料理 ‖‖‖‖‖ **157**

麻辣鍋底豆腐 四川風のマーラー豆腐

麻辣鍋底豆腐是我很愛的一道料理。當初也是因為無法像單身時那樣可以想吃麻辣鍋就去吃，因此就動了自己在家做的念頭。

一開始只用市售的麻辣醬和麻辣鍋底醬調味道，總覺得少了什麼。後來想到香港的咖哩魚蛋，就試著放了咖哩塊一起煮，沒想到意外對味，而且味道更加豐厚，讓整個鍋底風味大大提升。

這道料理做法非常簡單，愛吃麻辣鍋的你一定不能錯過。

食材 4 人份

- 豆腐 1 塊
- 預炒的爆香材料（做法請參見 157 頁步驟 1~2）
- 水 3 碗

調味料

- 漢方麻辣醬 2 匙
- 麻辣鍋醬 2 匙
- 好侍佛蒙特咖哩 2 小塊
- 醬油 2 匙
- 米酒 2 匙

1 —— 把預炒的爆香材料和 3 碗水及切塊的豆腐一起放入鍋中，加入漢方麻辣醬及麻辣鍋醬、醬油、米酒，最後放入 2 塊好侍佛蒙特咖哩塊。煮滾後也可依個人口味加鹽、柴魚粉或雞粉調味。

2 —— 關火，靜置 1 小時等豆腐入味即可。

3 —— 要吃的時候稍微加熱，撒些蔥花和香菜也非常好吃。沒吃完的湯汁通常我還會加很多菇類和冬粉一起煮，就變成超好吃的麻辣冬粉。煮火鍋也非常美味喔。

1

2

3

⊙ 咖哩塊的選擇其實不限廠牌，而咖哩只是提味用，不要加太多，一次 2 小塊就能讓味道變得很濃郁。

各種廚房小撇步，料理成就感滿分！

傳承自日本婆婆的廚房智慧，

加上許多主婦經驗分享的實用小技巧，

是煮夫煮婦都該學會的省時祕技。

日本婆婆的好吃白米飯

去過日本的人都說,日本米飯好好吃!以前我也這麼覺得。不知是否和水質有關,之前在台灣就是無法煮出日本米飯的光澤、口感及迷人香氣,即使是用日本帶回來的米也一樣。

婚後第一次看到婆婆煮飯時加了一樣東西,真讓我驚呆了!後來發現日本很多有名的料亭煮飯時也會加這個東西。回台灣試做幾次,找出了用台灣米就能煮出像日本米飯的水的比例,以及兩樣祕密武器,連先生都覺得吃起來不一樣了。這個小祕訣在日本流行已久,試試看,保證讓家人多扒幾碗飯喔。

⊙ 如果煮 3 杯米，冰塊可多放一顆，油也可多滴兩滴。

⊙ 這個方法用來煮糙米飯也同樣好吃。

⊙ 用這個方法煮出來的飯即使放冰箱隔天拿出來微波，味道不會變也不會泛黃，適合拿來做便當或飯糰，不會結成一團。

1 ——— 米洗淨。我們家不喜歡吃太硬的米飯，因此 2 杯米的水量會加到 2 杯半，這部分可依自己喜好微調。

2 ——— 加入關鍵的祕密武器：冰塊和幾滴油。婆婆只加冰塊，但我發現滴幾滴油煮出來的米飯更有光澤且蓬鬆，用橄欖油或沙拉油都可以。有位日本米店達人曾説，她的母親煮飯時會先把米洗好加水後拿去冰箱冷卻，再用爐灶煮飯，這是因為米粒維持低溫狀態再烹煮，可讓甜味釋放出來。用電子鍋煮飯，加入冰塊也有相同的效果。

3 ——— 靜置 30 分鐘，開始煮飯。煮好後再燜半小時，就是和日本一樣好吃的米飯了。

日本婆婆的祕傳味噌湯

日本人愛喝味噌湯的程度遠超乎我的想像，甚至比台灣人喝國民湯品蛋花湯的
頻率還要高很多。

有段時間，我發現即使我用日本的味噌，煮出來的湯還是沒有在日本婆家喝的
那麼濃郁，就算買了和婆婆一樣品牌的味噌，香氣和味道就是差了點。直到有
一次回日本，發現婆婆的味噌湯除了豆腐，還會放一些容易引出甜味的蔬菜。
重點是，味噌放入的時機和我以往的認知完全不同。婆婆說，味噌放入的時間
點可是大大影響味噌湯的風味！

1 —— 準備適量的味噌，不是日本味噌也無妨。味噌和水的比例約是1：10，可依喜好調整。日本是個超愛洋蔥的民族，煮味噌湯時也會放，只要先炒過洋蔥，煮出來的味噌湯就會很鮮甜。

2 —— 洋蔥炒軟後放入切塊的大白菜，大白菜炒軟後加入水（放入大白菜的味噌湯會增添一股蔬菜的鮮甜）。

3 —— 放入豆腐和舞菇一起煮滾。舞菇是婆婆常用來煮味噌湯的食材；由於舞菇的口感脆脆的，日本常用來取代肉品，熱量低且膳食纖維高。也可拿鴻喜菇或雪白菇一起煮，多了菇的精華，不用特別熬高湯也可以煮出好吃的味噌湯。

4 —— 所有食材煮滾後立刻關火，這個動作很重要。在關火之後放入味噌拌勻，再開火稍微熱一下，切記不可煮到滾，好喝的味噌湯就完成了。

1　　2

3　　4

10 秒鐘處理秋刀魚技巧

我的婆婆來自盛產海鮮的北海道，因為北海道的魚類、海鮮豐富又好吃，因此婆婆處理魚的技巧常令我大開眼界。

這裡要分享的就是我婆婆的祕技，她只用一把剪刀就可在 10 秒內把秋刀魚的內臟清理得超乾淨，而且魚的表面仍然非常完整漂亮。你也來試試看吧。

⊙ 魚頭和魚尾在一開始剪掉也沒關係，依個人喜好決定。

1 _____ 準備一條解凍的秋刀魚和剪刀。

2 _____ 找到秋刀魚肚子下面的小洞。

3 _____ 用剪刀從小洞往頭部的方向剪開。

4 _____ 剪開後取出內臟，用清水把魚肚裡殘留的血水沖洗乾淨即可。

1

2

3

4

免用刀，去除雞胸肉惱人的筋

雞胸肉應該是很多想瘦身的朋友們很熟悉的食材。熱量低、高蛋白質且少油的雞胸肉也陪我走過產後瘦身的黑暗期，是可以安心吃、不用擔心卡路里的肉品。但雞胸肉的麻煩是它有一條白色的筋，緊緊巴在肉上面，不容易取出，如果直接烹煮又會影響口感，實在是很惱人的小東西。怎麼樣可以去除這條筋呢？有一個超簡單而且不用動刀就能去除的小方法，不只能快速把筋完整取出，也不用擔心會把肉弄得稀巴爛。

1 ＿＿＿ 準備一雙免洗筷或沒有上漆的竹筷，方形或有角度的筷子會比圓形的好施力。

2 ＿＿＿ 用筷子夾住雞胸肉的筋。

3 ＿＿＿ 另一隻手用廚房紙巾包住筋的部分；因為筋很滑不太好抓，所以用廚房紙巾包住後再抓，會比較好施力。

4 ＿＿＿ 用力把筋往筷子的反方向移動，也就是把筋往上抽、筷子向下拉，肉和筋就會自然分離脫落。

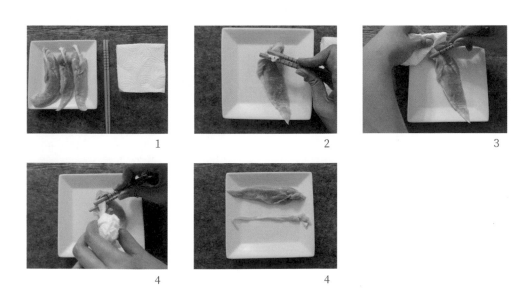

1　　　　　　　2　　　　　　　3

4　　　　　　　4

3 分鐘讓板豆腐徹底脫水

夏天到了，我們家就很常吃豆腐料理。但不管是涼拌或做甜點，必做的一個步驟就是要把豆腐的水分去除掉，這樣烹煮時才能在短時間內入味，也比較不易碎掉。傳統做法是拿重物壓在豆腐上面，然後等幾個小時再拿來料理，可是這樣的方式往往要等很久，而且水分也不容易大量去除。在這裡向大家介紹一個日本常用的去除豆腐水分的技巧，只要 3 分鐘就可以完成了，可以省下很多等待的時間喔。

1 ——— 把板豆腐用兩張廚房紙巾包起來。

2 ——— 豆腐上面放一碗水，放入微波爐用 500W 微波 3 分鐘。

3 ——— 把豆腐從廚房紙巾中取出，可以發現豆腐的厚度明顯少了 1/3。

1

2

嫩豆腐超完美脫盒法

我們家夏天常出現的食物除了生菜沙拉，就是簡單的涼拌豆腐了。不管是台式的皮蛋豆腐或和風冷豆腐，盒裝的嫩豆腐可說是媽媽們夏天的好朋友。

盒裝的嫩豆腐口感雖好，但因為是填充豆腐加上超軟嫩的關係，每次要把嫩豆腐從盒子取出就很頭痛，一塊漂亮的豆腐常被我搞得稀巴爛。不過自從我在日本節目上看到日本廚師分享的小技巧，現在我都能讓嫩豆腐毫髮無傷地從盒子中完美現身，超有成就感的，至今一次都沒失敗過。你也曾經困擾過嗎？試試這個方法，保證零失敗。

1 —— 把豆腐上面的包裝膜撕掉後,連盒子一起倒扣在盤子上。

2 —— 用剪刀在盒子左上角或右上角剪一個小洞,這時可以感覺到空氣跑進盒裡,豆腐已呈現稍微和盒子分離的狀態。

3 —— 用手輕輕捏一下盒子上下兩端,豆腐就會完整漂亮地脫落了。

1

2

3

零失敗水波蛋

因為婚後天天在家吃早餐,我學會了很多蛋料理。除了傳統的荷包蛋、日式玉子燒,還有西式稱為班尼迪克蛋的水波蛋。以往覺得水波蛋就是要去早午餐店才能享用到,但自從我學會了做法,它就成了我們家早餐餐桌的常客。

一般水波蛋都要加醋,會讓不愛吃醋的人感到卻步。我發現一個不用加醋的水波蛋做法,人人都能成功喔。

1 _____ 蛋打入碗中，小心不要弄破蛋黃。

2 _____ 取 1 杯冷水從碗的邊緣慢慢倒入，這時蛋會浮
到碗中央。

3 _____ 準備一鍋滾水，記得水一定要煮到沸騰後熄火，
然後把加了水的蛋倒入。

4 _____ 蓋上蓋子。倒入蛋之後的整個過程都不用開火。
燜 5~7 分鐘，蛋黃的熟度會呈五分熟的狀態，
若不敢吃太生的蛋黃，可多燜幾分鐘。

5 _____ 用湯匙撈起即可。

1

3

4

5

好剝殼的水煮蛋

在日本，有些咖啡廳一早就開始營業並提供早餐，最普遍的是一顆水煮蛋加一片吐司和咖啡的套餐。先生說，很多日本人的早餐只要有水煮蛋和咖啡就可以了，這點還滿讓我驚訝的。

婚後我學會很多利用水煮蛋延伸出來的料理，像是蛋沙拉、塔塔醬，但初期水煮蛋的殼總剝得很醜，讓我很沮喪。後來從電視上學會簡單剝蛋殼的小技巧，原來只要多這個步驟，剝完蛋殼的蛋總算不再坑坑疤疤了。如果你也曾為剝蛋殼苦惱，一定要學會這招喔！

1 —— 用湯匙輕輕敲蛋底端的蛋室,讓蛋殼產生小小裂痕,或用大頭針刺個小洞也行。

2 —— 把蛋放入滾水中,煮到個人喜愛的熟度後取出。通常滾 5 分鐘的蛋黃約七分熟,8 分鐘約九分熟,想吃全熟的蛋黃可以滾約 10 分鐘。

3 —— 把蛋撈起放入冰水中,全部冷卻後敲碎蛋殼就可以輕鬆剝除了。這個做法剝出來的蛋殼都是一片片的很容易脫落,而且蛋的表面都很光滑。

1

2

3

簡易醋飯好上手

只要家裡有沒吃完的生魚片，我們就會做成壽司或海鮮蓋飯來吃，這時醋飯就是不可欠缺的主角。

一般醋飯的做法，都是要邊加入醋液邊攪拌米飯，更講究一點，還得把蒸氣搧掉，真的是有點麻煩。這裡要來分享我們家最常用的簡易醋飯做法，醋和糖的比例很簡單，只要比平常煮飯多一個步驟就能做出好吃的醋飯喔。

1 —— 把2杯米洗好，放入2杯水和1顆冰塊。

2 —— 白醋2匙、糖1匙、鹽1匙稍微拌勻，倒入洗好的米中。醋的多寡可以按照個人喜好調整。

3 —— 把內鍋放入電子鍋中，按下煮飯鍵。煮好後用飯匙拌勻，好吃的壽司醋飯就完成了。

1

2

3

讓吐司變卡哇伊

和日本人結婚這幾年來，因為文化的不同，讓我驚訝的事物多到數不清，尤其是每天早餐都在家吃這件事，讓我由衷佩服日本的媽媽。她們會一早起來做早餐和便當，對於每天的料理內容總是花盡心思想很多有趣的變化。

像是之前看到的這個超可愛吐司食譜，只要小小的動作，就可以做出孩子都會很喜歡的動物吐司。我把實際做了幾次的小祕訣和大家分享，誰都可以做得出來，一點都不難喔。這麼可愛的吐司，絕對可以讓孩子多吃兩、三片。

做法一

1 _____ 吐司在熱的狀態下比較好塑形，因此我會把吐司拿去微波 10 秒。用手指在吐司的兩個角捏出耳朵形狀。

2 _____ 耳朵處塗上巧克力醬或其他果醬，五官部分可用剪刀把海苔剪出眼睛、鼻子、嘴巴等形狀黏上去，或用牙籤沾些巧克力醬畫。

3 _____ 雙頰塗上果醬，可愛的動物吐司就完成囉！

1

2

3

做法二

1 _____ 如圖，用刀子在吐司上切三刀後剝下麵包。

2 _____ 用牙籤沾抹巧克力醬畫出貓咪五官，耳朵和身體用果醬塗抹。

3 _____ 或者可用吸管戳出三個洞。

4 _____ 用牙籤畫出鬍鬚，耳朵和身體部分稍微用果醬裝飾，就是可愛的貓咪了。

5 _____ 吐司皮可以拿來做小橘貓。

1

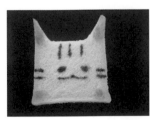

2

3

4

5

15 分鐘讓蛤蜊吐完沙

我們家很常吃蛤蜊或海瓜子，不管是煮味噌湯或酒蒸蛤蜊等。這些帶殼的海鮮雖然好吃，但如果沙子沒吐乾淨，煮出來的湯就是一場悲劇。

要讓蛤蜊或海瓜子吐沙的傳統做法是用鹽水泡幾個小時，不過日本有一個超流行的小技巧，完全不用鹽水也不用泡半天，只要注意水的溫度，就可以在 15 分鐘內讓蛤蜊和海瓜子吐完沙！

1 —— 把蛤蜊放進約 50 度的溫水中,然後用力搓幾下;如果沒有溫度計,可用手感覺一下,大概比洗澡時的水溫略高即可。

2 —— 靜置約 5 分鐘會產生泡泡,此時蛤蜊已經張開殼吐沙。

3 —— 靜放 15 分鐘,很明顯看到碗底的沙變多,水的顏色也變混濁,即可取出料理。

1

2

3

⊙ 這個做法的原理是在利用蛤蜊本身的保護機制。由於水溫比平常高,在環境的改變下,受到刺激的蛤蜊會瞬間吸收大量水分,這時透過搓揉讓殼和殼之間產生摩擦,殼就會打開,沙子和髒汙就會一口氣吐出來。因為蛤蜊已吸收大量水分,烹煮後的蛤蜊會更加飽滿好吃。這原本是蛤蜊從產地撈捕上來時的處理方法,現在被廣泛運用在料理上。

台灣也能買到的日本人氣咖哩

說到日式咖哩，我腦海中第一個浮現的，就是先生的日本主管山本社長。

在決定要結婚的時候，先生除了打電話跟家人和好友報告之外，第一個分享喜訊的，就是山本社長。那時候的我一直覺得很不解，為什麼結婚這種終身大事會除了家人摯友之外，第一個向上司報告呢？就在見過山本社長之後，我瞬間明白了先生的心情。

長年旅居美國的山本社長和一般的日本人很不一樣，是一個很以家人為重的人，和老婆女兒感情都非常好，常常會單獨和女兒或太太外出用餐聊天。

在工作上也是，他會記得每一個部下的家人的名字，常常把 "Good choice!" 這樣正面的句子掛在嘴邊肯定每個人。

第一次和山本社長見面，他跟我說：「要從之前活躍的業務工作辭職當全職主婦，心中一定會很不安吧！但媽媽是全世界最偉大的工作喔！如果沒有我太太這樣支撐著我，也就不會有現

在的山本家了！你一定可以把這份工作做得比之前的業務工作更出色喔！」

我聽了以後真的好感動，也安心不少。同時，他也跟我分享了山本家私傳的咖哩做法，這個方法讓我沿用到現在，也調和出屬於我們家自己的味道。

之後，不管我懷孕生子，甚至這次有機會可以出書等大小事，也是除了家人之外，第一個就跟山本社長報告。對很多部下來說，他就是一個常會讓部下掛在嘴邊、什麼事情都會第一個想和他分享的人。

先生常說，卸下了工作的上下關係之後，還會讓人想要一直聯絡的人，就是成功的主管吧！

他就這樣一直默默守護在海外各地努力的部下們，也是這樣的溫度，讓每一個看來似乎嚴肅的日本上班族，什麼事情都會第一個想到他。

山本社長家的咖哩煮法，說穿了就是「混搭」。日本的咖哩種類百百種，進去超市就有一整面牆陳列咖哩相關產品，不管是日式或是印度咖哩等等，你想到的應有盡有。

簡單的跟大家介紹一下，日本咖哩的三巨頭可以說是台灣人最熟悉的佛蒙特咖哩廠商 House 和 S＆B 以及 Glico，不管是咖哩塊或是即食包全部都有。

這三個牌子的咖哩在日本各有各的擁護者，每一家的味道有其

強項，但共同點就是都非常好吃。

現在在台灣日式超市或是全聯都可以買到這三個牌子的咖哩，
而且價格都不算高。

好侍（House）食品可說是是台灣人最熟悉的佛蒙特咖哩品
牌了！烹煮時加入些許蜂蜜和蘋果讓咖哩更美味的廣告，可以
說是第一支打入台灣市場的咖哩代表。這款咖哩很適合小朋友
吃，普遍接受度也高。

一樣是由好侍食品生產的爪哇咖哩，在日本可是和佛蒙特咖哩
擁有一樣高人氣的商品。

微辣的口感讓很多人一吃就著迷，這款咖哩也是我先生的心頭
好之一。

Glico 的咖哩算是比較後期引進台灣的，但是它的味道可以說
是非常有層次感，非常有深度，很多人吃過一口都會被這個味
道給牢牢吸住。

S＆B 的咖哩在日本也有一票擁護者，我個人覺得這個牌子的
咖哩很適合煮蔬菜咖哩，可以帶出蔬菜的鮮甜味。也有純素的
咖哩可以供素食者食用，在好市多也有販售業務用大包裝。

山本社長家的咖哩煮法就是混合兩種不同牌子或兩款不同口
味的咖哩塊，做出來的咖哩就會融合了各品牌的優點，變得更
圓潤好吃。

我通常都是在超市看到哪個牌子特價就買個兩盒回來，目前混
合過很多種咖哩塊，我的經驗值是把辣味咖哩和甜味咖哩塊混
合煮出來的都會很好吃。

如果不方便開火，或是真的不想煮飯的時候，市面上也有賣這
種即食包，只要加熱一下淋在白飯上就可以享用，比外面餐廳
的咖哩飯便宜而且味道都非常棒，口味選擇也多。這種料理包
在日本超有人氣，是很多自己住的學生熬夜念書或是單身上班
族加班到深夜的好朋友。

大家下次去超市時，可以逛逛咖哩專區。台灣現在引進的的日本咖哩品牌也越來越多了，可以混搭看看煮出自己家風味的專屬咖哩喔！

日本人妻の無限料理

用 1 倍氣力變身 3 倍創意贏得 10 倍滿意

作者／前西希（Nozomi M.）

主編／林孜懃

副主編／陳懿文

編輯協力／盧珮如

美術設計／羅心梅

行銷企劃／鍾曼靈

出版一部總編輯暨總監／王明雪

發行人／王榮文

出版發行／遠流出版事業股份有限公司

地址：台北市南昌路 2 段 81 號 6 樓

電話：(02) 2392-6899　傳真：(02) 2392-6658　郵撥：0189456-1

著作權顧問／蕭雄淋律師

2018 年 1 月 1 日　初版一刷

定價／新台幣 350 元（缺頁或破損的書，請寄回更換）

YLib.com 遠流博識網　http://www.ylib.com　E-mail:ylib@ylib.com

遠流粉絲團 https://www.facebook.com/ylibfans

國家圖書館出版品預行編目 (CIP) 資料

日本人妻的無限料理 / 前西希著 . -- 初版 . --
臺北市：遠流，2018.01
　　面；　公分
　　ISBN 978-957-32-8192-4(平裝)

1. 食譜
427.1　　　　　　　　　　106023463

House 好侍

全球最大咖哩塊品牌

本書中多樣料理使用好菇道

加入美味好菇道，健康生活沒煩惱！

鴻喜菇

好菇道鴻喜菇質地甘脆細緻。主要成份為多醣體，並富含膳食纖維，更蘊含維生素B群，還有低脂肪、低熱量等優點。

實驗證實鴻喜菇與雪白菇的熱水萃取物中有強力活化胰島素分泌之物質，有助於糖尿病的預防與保護。

雪白菇

經由本公司菇類研究中心經過長時間的研究，於2002年開發出鴻喜菇純白種，非經漂白加工。質地較細緻、鮮甜且滑嫩爽口。

實驗證實雪白菇能夠降低血液中的膽固醇，有助於防止動脈硬化。

舞菇

獨特的香氣及味道，口感極佳，在日本也很受歡迎！適用於炒菜、火鍋、煮湯、油炸等各式美味料理方式。

【舞菇所富含的有效成份】

1. β-葡聚醣 研究顯示具抗癌功效
2. 蛋白質及醣類
3. 維他命B群
4. 維他命D
5. 礦物質

※好菇道的鴻喜菇、雪白菇和舞菇產品，在料理前完全無需水洗，切除蒂頭、剝小瓣後即可使用。

HOKTO
好菇道